建设工程快速识图与诀窍丛书

钢结构工程快速识图与诀窍

王　雷　主编

中国建筑工业出版社

图书在版编目（CIP）数据

钢结构工程快速识图与诀窍/王雷主编. —北京：中
国建筑工业出版社，2020.7
（建设工程快速识图与诀窍丛书）
ISBN 978-7-112-25359-3

Ⅰ. ①钢… Ⅱ. ①王… Ⅲ. ①钢结构-建筑工
程-建筑制图-识图 Ⅳ.①TU391

中国版本图书馆 CIP 数据核字（2020）第 151633 号

本书根据《房屋建筑制图统一标准》GB/T 50001—2017、《技术制图 焊缝符号的尺
寸、比例及简化表示法》GB/T 12212—2012、《总图制图标准》GB/T 50103—2010、《建
筑结构制图标准》GB/T 50105—2010、《钢结构工程施工规范》GB 50755—2012、《钢结
构焊接规范》GB 50661—2011、《钢结构高强度螺栓连接技术规程》JGJ 82—2011 等标准
编写，主要介绍了钢结构工程识图基础知识、建筑钢材类型、钢结构连接材料与方法、钢
结构工程施工图识图综述、建筑钢结构工程图识图诀窍、钢结构工程识图实例。本书详细
讲解了最新制图标准、识图方法、步骤与诀窍，并配有丰富的识图实例，具有逻辑性、系
统性强、内容简明实用、重点突出等特点。

本书可供从事结构工程设计工作人员、施工技术人员使用，也可供各高校建筑专业师
生参考使用。

责任编辑：郭　栋
责任校对：李美娜

建设工程快速识图与诀窍丛书
钢结构工程快速识图与诀窍
王　雷　主编

*

中国建筑工业出版社出版、发行（北京海淀三里河路 9 号）
各地新华书店、建筑书店经销
霸州市顺浩图文科技发展有限公司制版
北京圣夫亚美印刷有限公司印刷

*

开本：787×1092 毫米　1/16　印张：10½　字数：249 千字
2020 年 9 月第一版　　2020 年 9 月第一次印刷
定价：39.00 元
ISBN 978-7-112-25359-3
（35985）

编　委　会

主　编 王　雷

参　编（按姓氏笔画排序）

万　滨　王　旭　曲春光　张吉娜　张　彤

张　健　庞业周　侯乃军　郭朝勇

前言 | Preface

　　我国经济社会飞速发展，促进了建筑工程技术的进步。钢结构以其强度高、自重轻、抗震性能好、工业化程度高、施工周期短、可塑性强、节能环保等诸多优点，现已得到了广泛应用。而在建筑钢结构工程设计中，通常将结构施工图的设计分为设计图设计和施工详图设计两个阶段。设计图设计是由设计单位编制完成，施工详图设计是以设计图为依据，由钢结构加工厂深化编制完成，并将其作为钢结构加工与安装的依据。但是由于缺乏系统训练仍然达不到熟练掌握识读钢结构施工图的能力，给建筑从业人员带来了工作上的缺陷，为此，我们组织编写了这本书。

　　本书根据《房屋建筑制图统一标准》GB/T 50001—2017、《技术制图 焊缝符号的尺寸、比例及简化表示法》GB/T 12212—2012、《总图制图标准》GB/T 50103—2010、《建筑结构制图标准》GB/T 50105—2010、《钢结构工程施工规范》GB 50755—2012、《钢结构焊接规范》GB 50661—2011、《钢结构高强度螺栓连接技术规程》JGJ 82—2011 等标准编写，主要介绍了钢结构工程识图基础知识、建筑钢材类型、钢结构连接材料与方法、钢结构工程施工图识图综述、建筑钢结构工程图识图诀窍、钢结构工程识图实例。本书详细讲解了最新制图标准、识图方法、步骤与诀窍，并配有丰富的识图实例，具有逻辑性、系统性强、内容简明实用、重点突出等特点。本书可供从事结构工程设计工作人员、施工技术人员使用，也可供各高校建筑专业师生参考使用。

　　由于编写经验、理论水平有限，难免有疏漏、不足之处，敬请读者批评指正。

目录 | Contents

钢结构工程识图基础知识

1.1 投影知识

1.1.1 投影

1. 投影的形成

在日常生活中经常可以看到这样的现象，在阳光或灯光照射下的物体在地面上或墙面上投下影子。影子在一定程度上可以反映物体的形状和大小，随着光线照射方向的不同，影子也会发生变化。如图 1-1 所示为某物体在正午阳光照射下在地面上留下的影子，这个影子只反映了物体的底部轮廓。若把这种现象抽象总结，将发光点称为光源，光线称为投影线，落影子的地面或墙面称为投影面，则这种影子称为投影。

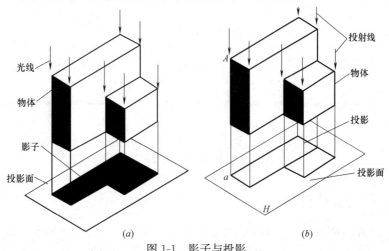

图 1-1　影子与投影
(a) 影子；(b) 投影

要产生投影须具备三个条件：投影中心 S，即光源或光线；投影所在的平面即投影面 H；空间几何元素或形体。这三个条件又称为投影三要素。如图 1-2 所示。

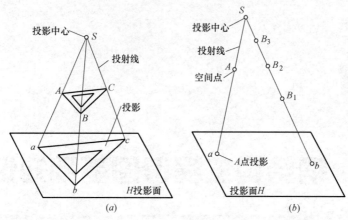

图 1-2　投影法

这样的条件下，通过空间点 A 的投影线（SA 连线）与投影面 H 的交点 a 即为该点的投影。由于一条直线只能与平面相交于一点，所以，投影中心和投影面确定之后，点在该投影面上的投影是唯一的。但是点的一个投影并不能唯一确定该点的空间位置。如已知投影点 b 点，在 Sb 投影线上的所有点 B_1，B_2，B_3 等的投影都为 b。

2. 投影的分类

（1）中心投影　当投影中心距离投影面为有限远，投射线相交于该点时，所得到物体的投影则称为中心投影，如图 1-2 所示。

（2）平行投影　当投影中心距离投影面无限远，投射线互相平行时，所得到物体的投影则称为平行投影，如图 1-3 所示。

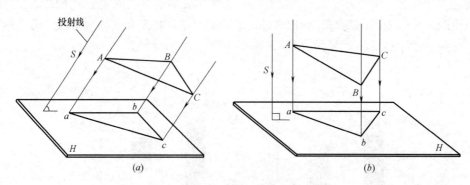

图 1-3　平行投影
（a）斜投影；（b）正投影

1.1.2　点、线、面的投影

（1）一个点在空间各个投影面上的投影仍然是一个点，如图 1-4 所示。

（2）一条线在空间时，它在各投影面上的正投影，是由点和线来反映的。图 1-5（a）、（b）是一条竖直向下和一条水平的线的正投影。

（3）一个几何形的面，在空间向各个投影面上的正投影，是由面和线来反映的。图 1-6 是一个平行于底下投影面的平行四边形平面，在三个投影面上的投影。

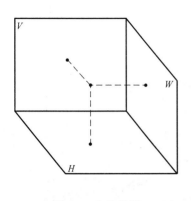

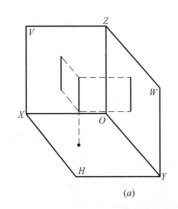

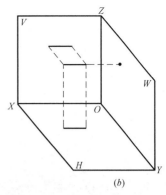

图 1-4　点的投影

图 1-5　线的投影

(a) 竖直线的正投影；(b) 水平线的正投影

1.1.3　物体的投影

物体的投影比较复杂，它在空间各投影面上的投影，都是以面的形式反映出来的。一个台阶外形的正投影如图 1-7 所示。

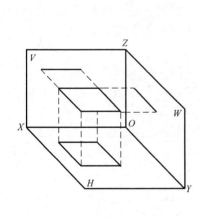

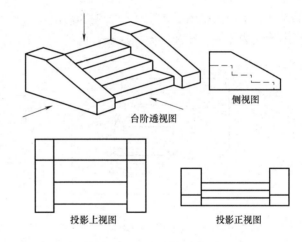

图 1-6　面的投影

图 1-7　物体的投影视图

对于一个空心的物体，如一个关闭的木箱，仅从它外表的投影是反映不出它的构造的，为此人们用一个平面在中间把它切开，让它的内部在这个面上投影，得到它内部的形状和大小，从而真实地反映这个物体。建筑物也类似这样的物体，仅外部的投影（在建筑图上叫立面图）不能完全反映建筑物的构造，所以要由平面图和剖面图等来反映内部的构造。一个箱子剖切后的内部投影图，如图 1-8 所示，水平切面的投影相似于建筑平面图，垂直切面的投影相似于建筑剖面图。

1.1.4　三视图

物体在三个展开的相互垂直的投影面上的投影被称为三视图。

如图 1-9（a）所示，物体分别向图中的 V 面、H 面和 W 面进行投影，然后展开得到

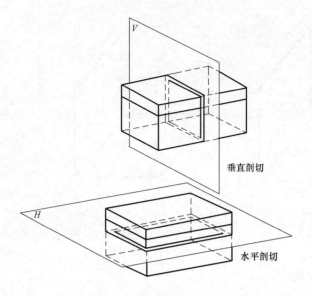

图 1-8　平面剖切物体图示

了正面投影图、水平投影图和侧面投影图。而每个投影图分别反映三维空间中的两个方向的尺寸。正面投影图反映物体的长度和高度，水平投影图反映物体的长度和宽度，侧面投影图反映物体的宽度和高度。这样，就有了三个投影图中的"三等"关系：

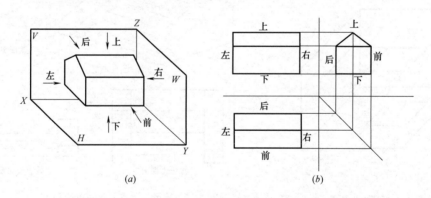

图 1-9　物体的三面投影图的尺寸和方位

正面投影图和水平投影图——长对正；
正面投影图和侧面投影图——高平齐；
水平投影图和侧面投影图——宽相等。

这是物体在三面投影图中的尺寸关系，也是绘制和识读正投影图必须遵循的投影规律。

任何一个物体都有上、下、左、右、前、后六个方向的形状和大小。在每个投影图中，可以反映其中四个方向的情况，如图 1-9（b）中，正面投影反映的是上下和左右；水平投影反映的是前后和左右；而侧面投影反映的是前后和上下。在阅读三面投影图时，一定要注意分清以上的方位关系，才能对物体的整体形状和位置有个清楚的认识。

1.2 钢结构制图基本规定

1.2.1 图纸幅面

（1）图纸幅面及图框尺寸应符合表 1-1 的规定。

幅面及图框尺寸（mm）   表 1-1

图幅代号 尺寸代号	A0	A1	A2	A3	A4
$b \times l$	841×1189	594×841	420×594	297×420	210×297
c	10			5	
a	25				

注：表中，b 为幅面短边尺寸，l 为幅面长边尺寸，c 为图框线与幅面线间宽度，a 为图框线与装订边间宽度。

（2）需要微缩复制的图纸，其一个边上应附有一段准确米制尺度，四个边上均应附有对中标志，米制尺度的总长应为 100mm，分格应为 10mm。对中标志应画在图纸内框各边长的中点处，线宽应为 0.35mm，并应伸入内框边，在框外应为 5mm。对中标志的线段，应于图框长边尺寸 l_1 和图框短边尺寸 b_1 范围取中。

（3）图纸的短边尺寸不应加长，A0～A3 幅面长边尺寸可加长，但应符合表 1-2 的规定。

图纸长边加长尺寸（mm）   表 1-2

幅面代号	长边尺寸	长边加长后的尺寸
A0	1189	1486(A0+1/4l) 1783(A0+1/2l) 2080(A0+3/4l) 2378(A0+l)
A1	841	1051(A1+1/4l) 1261(A1+1/2l) 1471(A1+3/4l) 1682(A1+l) 1892(A1+5/4l) 2102(A1+3/2l)
A2	594	743(A2+1/4l) 891(A2+1/2l) 1041(A2+3/4l) 1189(A2+l) 1338(A2+5/4l) 1486(A2+3/2l) 1635(A2+7/4l) 1783(A2+2l) 1932(A2+9/4l) 2080(A2+5/2l)
A3	420	630(A3+1/2l) 841(A3+l) 1051(A3+3/2l) 1261(A3+2l) 1471(A3+5/2l) 1682(A3+3l) 1892(A3+7/2l)

注：有特殊需要的图纸，可采用 $b \times l$ 为 841mm×891mm 与 1189mm×1261mm 的幅面。

（4）图纸以短边作为垂直边应为横式，以短边作水平边应为立式。A0～A3 图纸宜横式使用；必要时，也可立式使用。

（5）一个工程设计中，每个专业所使用的图纸不宜多于两种幅面，不含目录及表格所采用的 A4 幅面。

1.2.2 标题栏

（1）图纸中应有标题栏、图框线、幅面线、装订边线和对中标志。图纸的标题栏及装订边的位置，应符合下列规定：

1）横式使用的图纸应按图 1-10 的形式进行布置。

2）立式使用的图纸应按图 1-11 的形式进行布置。

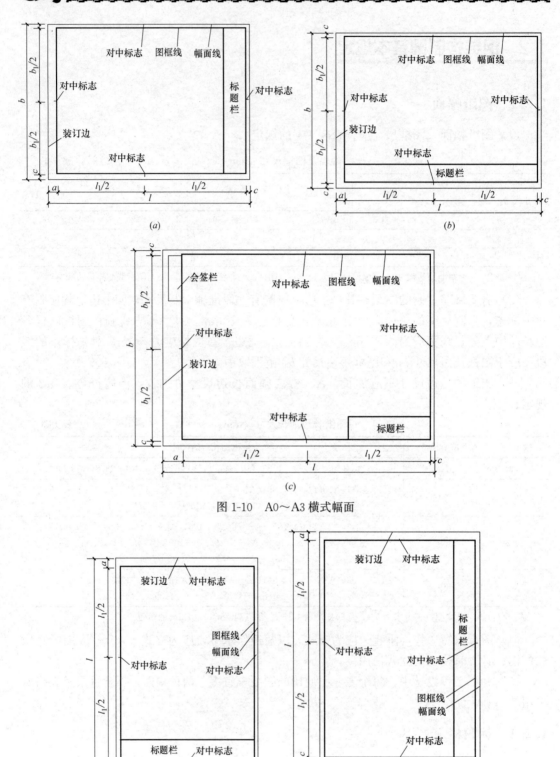

图 1-10　A0～A3 横式幅面

图 1-11　A0～A4 立式幅面（一）

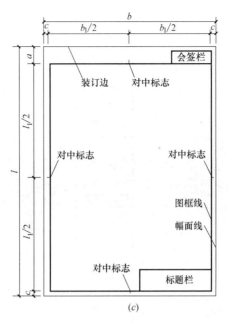

图 1-11　A0～A4 立式幅面（二）

（2）应根据工程的需要选择确定标题栏、会签栏的尺寸、格式及分区。当采用图 1-10（a）、（b）及图 1-11（a）、（b）布置时，标题栏应按图 1-12（a）、（b）、（c）所示布局；当采用图 1-10（c）及图 1-11（c）布置时，标题栏、签字栏应按图 1-12（d）、（e）及图 1-13 所示布局。签字栏应包括实名列和签名列，并应符合下列规定：

1）涉外工程的标题栏内，各项主要内容的中文下方应附有译文，设计单位的上方或左方，应加"中华人民共和国"字样。

2）在计算机辅助制图文件中使用电子签名与认证时，应符合《中华人民共和国电子签名法》的有关规定。

3）当由两个以上的设计单位合作设计同一个工程时，设计单位名称区可依次列出设计单位名称。

1.2.3　图线和比例

（1）图线的基本线宽 b，宜按照图纸比例及图纸性质从 1.4mm、1.0mm、0.7mm、0.5mm 线宽系列中选取。每个图样，应根据复杂程序与比例大小，先选定基本线宽 b，再选用表 1-3 中相应的线宽组。

（2）每个图样应根据复杂程度与比例大小，先选用适当基本线宽度 b，再选用相应的线宽。根据表达内容的层次，基本线宽 b 和线宽比可适当地增加或减少。

（3）建筑结构专业制图应选用表 1-4 所示的图线。

（4）在同一张图纸中，相同比例的各图样，应选用相同的线宽组。

（5）绘图时根据图样的用途、被绘物体的复杂程度，应选用表 1-5 中的常用比例，特殊情况下也可选用可用比例。

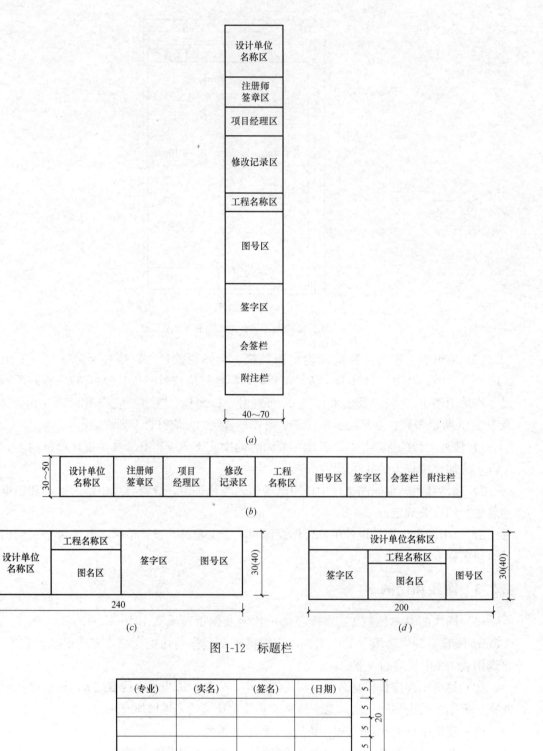

图 1-12 标题栏

图 1-13 会签栏

线宽组（mm）　　　　　　　　　　　　　　　　　　　表 1-3

线宽比	线宽组			
b	1.4	1.0	0.7	0.5
$0.7b$	1.0	0.7	0.5	0.35
$0.5b$	0.7	0.5	0.35	0.25
$0.25b$	0.35	0.25	0.18	0.13

注：1. 需要缩微的图纸，不宜采用 0.18mm 及更细的线宽。
　　2. 同一张图纸内，各不同线宽中的细线，可统一采用较细的线宽组的细线。

图线　　　　　　　　　　　　　　　　　　　　　　　　表 1-4

名称		线型	线宽	一般用途
实线	粗	——————	b	螺栓、钢筋线、结构平面图中的单线结构构件线，钢木支撑及系杆线，图名下横线、剖切线
	中粗	——————	$0.7b$	结构平面图及详图中剖到或可见的墙身轮廓线、基础轮廓线、钢、木结构轮廓线、钢筋线
	中	——————	$0.5b$	结构平面图及详图中剖到或可见的墙身轮廓线、基础轮廓线、可见的钢筋混凝土构件轮廓线、钢筋线
	细	——————	$0.25b$	标注引出线、标高符号线、索引符号线、尺寸线
虚线	粗	— — — —	b	不可见的钢筋线、螺栓线、结构平面图中不可见的单线结构构件线及钢、木支撑线
	中粗	— — — —	$0.7b$	结构平面图中的不可见构件、墙身轮廓线及不可见钢、木结构构件线、不可见的钢筋线
	中	— — — —	$0.5b$	结构平面图中的不可见构件、墙身轮廓线及不可见钢、木结构构件线、不可见的钢筋线
	细	— — — —	$0.25b$	基础平面图中的管沟轮廓线、不可见的钢筋混凝土构件轮廓线
单点长画线	粗	—·—·—	b	柱间支撑、垂直支撑、设备基础轴线图中的中心线
	细	—·—·—	$0.25b$	定位轴线、对称线、中心线、重心线
双点长画线	粗	—··—··	b	预应力钢筋线
	细	—··—··	$0.25b$	原有结构轮廓线
折断线		—∿—	$0.25b$	断开界线
波浪线		∼∼∼	$0.25b$	断开界线

比例　　　　　　　　　　　　　　　　　　　　　　　　表 1-5

图　名	常用比例	可用比例
结构平面图 基础平面图	1∶50,1∶100,1∶150	1∶60,1∶200
圈梁平面图、总图中管沟、地下设施等	1∶200,1∶500	1∶300
详图	1∶10,1∶20,1∶50	1∶5,1∶30,1∶25

（6）当构件的纵、横向断面尺寸相差悬殊时，可在同一详图中的纵、横向选用不同的比例绘制。轴线尺寸与构件尺寸也可选用不同的比例绘制。

（7）构件的名称可用代号来表示，代号后应用阿拉伯数字标注该构件的型号或编号，也可为构件的顺序号。构件的顺序号采用不带角标的阿拉伯数字连续编排。常用的构件代号见表1-6。

常用构件代号　　　　　　　　　表1-6

序号	名　　称	代号	序号	名　　称	代号
1	板	B	28	屋架	WJ
2	屋面板	WB	29	托架	TJ
3	空心板	KB	30	天窗架	CJ
4	槽形板	CB	31	框架	KJ
5	折板	ZB	32	刚架	GJ
6	密肋板	MB	33	支架	ZJ
7	楼梯板	TB	34	柱	Z
8	盖板或沟盖板	GB	35	框架柱	KZ
9	挡雨板或檐口板	YB	36	构造柱	GZ
10	吊车安全走道板	DB	37	承台	CT
11	墙板	QB	38	设备基础	SJ
12	天沟板	TGB	39	桩	ZH
13	梁	L	40	挡土墙	DQ
14	屋面梁	WL	41	地沟	DG
15	吊车梁	DL	42	柱间支撑	ZC
16	单轨吊车梁	DDL	43	垂直支撑	CC
17	轨道连接	DGL	44	水平支撑	SC
18	车挡	CD	45	梯	T
19	圈梁	QL	46	雨篷	YP
20	过梁	GL	47	阳台	YT
21	连系梁	LL	48	梁垫	LD
22	基础梁	JL	49	预埋件	M—
23	楼梯梁	TL	50	天窗端壁	TD
24	框架梁	KL	51	钢筋网	W
25	框支梁	KZL	52	钢筋骨架	G
26	屋面框架梁	WKL	53	基础	J
27	檩条	LT	54	暗柱	AZ

注：1. 预制混凝土构件、现浇混凝土构件、钢构件和木构件，一般可以采用本表中的构件代号。在绘图中，除混凝土构件可以不注明材料代号外，其他材料的构件可在构件代号前加注材料代号，并在图纸中加以说明。

2. 预应力混凝土构件的代号，应在构件代号前加注"Y"，如Y-DL表示预应力混凝土吊车梁。

1.2.4　符号

1. 剖切符号

（1）剖切符号宜优先选择国际通用方法表示，也可采用常用方法表示，同一套图纸应选用一种表示方法。

（2）剖切符号标注的位置应符合下列规定：

1）建（构）筑物剖面图的剖切符号应注在±0.000标高的平面图或首层平面图上。

2）局部剖面图（不含首层）、断面图的剖切符号应注在包含剖切部位的最下面一层的平面图上。

（3）采用国际通用剖视表示方法时，剖面及断面的剖切符号（图1-14）应符合下列规定：

1）剖面剖切索引符号应由直径8～10mm的圆和水平直径以及两条相互垂直且外切圆的线段组成，水平直径上方应为索引编号，下方应为图纸编号，详细规定如图1-17所示，线段与圆之间应填充黑色并形成箭头表示剖视方向，索引符号应位于剖线两端；断面及剖视详图剖切符号的索引符号应位于平面图外侧一端，另一端为剖视方向线，长度宜为7～9mm，宽度宜为2mm。

2）剖切线与符号线线宽应为0.25b。

3）需要转折的剖切线应连续绘制。

4）剖号的编号宜由左至右、由下向上连续编排。

（4）采用常用方法表示时，剖面的剖切符号应由剖切线及剖视方向线组成，均应以粗实线绘制，线宽宜为b。剖面的剖切符号应符合下列规定：

1）剖切位置线的长度宜为6～10mm；剖视方向线应垂直于剖切位置线，长度应短于剖切位置线，宜为4～6mm。绘制时，剖视剖切符号不应与其他图线相接触。

2）剖视剖切符号的编号宜采用粗阿拉伯数字，按剖切顺序由左至右、由下向上连续编排，并应注写在剖视方向线的端部（图1-15）。

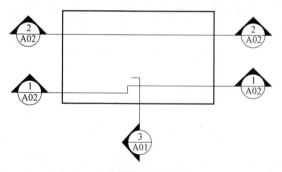

图1-14 剖视的剖切符号（一）

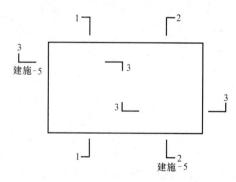

图1-15 剖视的剖切符号（二）

3）需要转折的剖切位置线，应在转角的外侧加注与该符号相同的编号。

4）断面的剖切符号应仅用剖切位置线表示，其编号应注写在剖切位置线的一侧；编号所在的一侧应为该断面的剖视方向，其余同剖面的剖切符号（图1-16）。

5）当与被剖切图样不在同一张图内，应在剖切位置线的另一侧注明其所在图纸的编号，如图1-12所示，也可以在图上集中说明。

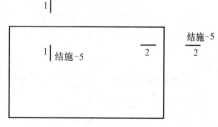

图1-16 断面的剖切符号

2. 索引符号与详图符号

（1）图样中的某一局部或构件，如需另见详图，应以索引符号索引，如图 1-17（a）所示。索引符号应由直径为 8～10mm 的圆和水平直径组成，圆及水平直径线宽宜为 0.25b。索引符号编写应符合下列规定：

1）当索引出的详图与被索引的详图同在一张图纸内，应在索引符号的上半圆中用阿拉伯数字注明该详图的编号，并在下半圆中间画一段水平细实线，如图 1-17（b）所示。

2）当索引出的详图与被索引的详图不在同一张图纸中，应在索引符号的上半圆中用阿拉伯数字注明该详图的编号，在索引符号的下半圆用阿拉伯数字注明该详图所在图纸的编号，如图 1-17（c）所示。数字较多时，可加文字标注。

3）当索引出的详图采用标准图时，应在索引符号水平直径的延长线上加注该标准图集的编号，如图 1-17（d）所示。需要标注比例时，应在文字的索引符合右侧或延长线下方，与符号下对齐。

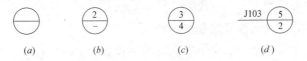

图 1-17   索引符号

（2）当索引符号用于索引剖视详图时，应在被剖切的部位绘制剖切位置线，并以引出线引出索引符号，引出线所在的一侧应为剖视方向，索引符号的编号应符合（1）的规定，如图 1-18 所示。

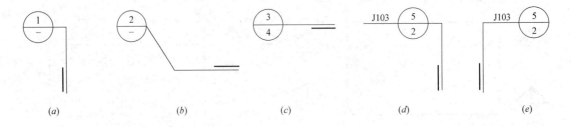

图 1-18   用于索引剖面详图的索引符号

（3）在结构平面图中索引的剖视详图、断面详图应采用索引符号表示，其编号顺序宜按图 1-19 的规定进行编排，并符合下列规定：

1）外墙按顺时针方向从左下角开始编号；

2）内横墙从左至右，从上至下编号；

3）内纵墙从上至下，从左至右编号。

（4）在结构平面图中的索引位置处，粗实线表示剖切位置，引出线所在一侧应为投射方向。

（5）索引符号应由细实线绘制的直径为 8～10mm 的圆和水平直径线组成。

（6）被索引出的详图应以详图符号表示，详图符号的圆应以直径为 14mm 的粗实线绘制。圆内的直径线为细实线。

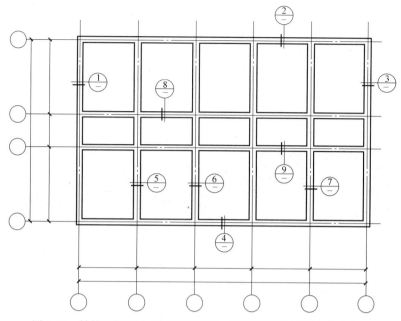

图 1-19 结构平面图中索引剖视详图、断面详图编号顺序表示方法

（7）被索引的图样与索引位置在同一张图纸内时，应按图 1-20 的规定进行编排。

（8）详图与被索引的图样不在同一张图纸内时，应按图 1-21 的规定进行编排，索引符号和详图符号内的上半圆中注明详图编号，在下半圆中注明被索引的图纸编号。

图 1-20 被索引图样在同一张
图纸内的表示方法

图 1-21 详图和被索引图样不在
同一张图纸内的表示方法

3. 引出线

（1）引出线线宽应为 $0.25b$，宜采用水平方向的直线，或与水平方向成 30°、45°、60°、90°的直线，并经上述角度再折成水平线。文字说明宜注写在水平线的上方，如图 1-22（a）所示；也可注写在水平线的端部，如图 1-22（b）所示。索引详图的引出线应与水平直径线相连接，如图 1-22（c）所示。

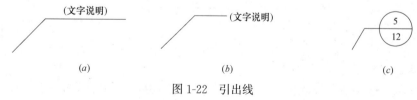

图 1-22 引出线

（2）同时引出的几个相同部分的引出线，宜互相平行，如图 1-23（a）所示；也可画成集中于一点的放射线，如图 1-23（b）所示。

（3）多层构造或多层管道共用引出线，应通过

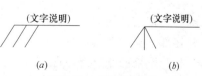

图 1-23 共用引出线

被引出的各层，并用圆点示意对应各层次。文字说明宜注写在水平线的上方，或注写在水平线的端部，说明的顺序应由上至下，并应与被说明的层次对应一致；如层次为横向排序，则由上至下的说明顺序应与由左至右的层次对应一致，如图1-24所示。

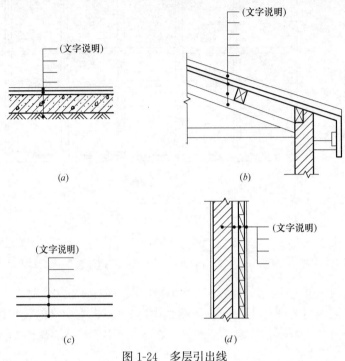

图 1-24　多层引出线

4. 其他符号

（1）对称符号应由对称线和两端的两对平行线组成。对称线应用单点长画线绘制，线宽宜为 $0.25b$；平行线应用实线绘制，其长度宜为 6～10mm，每对的间距宜为 2～3mm，线宽宜为 $0.5b$；对称线应垂直平分于两对平行线，两端超出平行线宜为 2～3mm，如图 1-25 所示。

（2）连接符号应以折断线表示需连接的部分。两部位相距过远时，折断线两端靠图样一侧应标注大写英文字母表示连接编号。两个被连接的图样应用相同的字母编号，如图 1-26 所示。

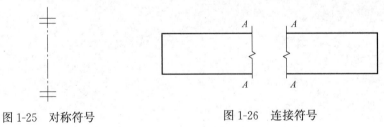

图 1-25　对称符号　　　　　　　图 1-26　连接符号

（3）指北针的形状宜符合图 1-27 的规定，其圆的直径宜为 24mm，用细实线绘制；指针尾部的宽度宜为 3mm，指针头部应注"北"或"N"字。需用较大直径绘制指北针时，指针尾部的宽度宜为直径的 1/8。

（4）指北针与风玫瑰结合时宜采用互相垂直的线段，线段两端应超出风玫瑰轮廓线

2～3mm，垂点宜为风玫瑰中心，北向应注"北"或"N"字，组成风玫瑰所有线宽均宜为 $0.5b$。

（5）对图纸中局部变更部分宜采用云线，并宜注明修改版次，修改版次符号宜为边长 0.8cm 的正等边三角形，修改版次应采用数字表示，如图 1-28 所示。变更云线的线宽宜按 $0.7b$ 绘制。

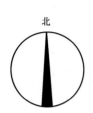
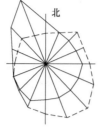

图 1-27　指北针、风玫瑰

图 1-28　变更云线

注：1 为修改次数

1.2.5　定位轴线

（1）定位轴线应用 $0.25b$ 线宽的单点长画线绘制。

（2）定位轴线应编号，编号应注写在轴线端部的圆内。圆应用 $0.25b$ 线宽的实线绘制，直径宜为 8～10mm。定位轴线圆的圆心应在定位轴线的延长线上或延长线的折线上。

（3）除较复杂需采用分区编号或圆形、折线形外，平面图上定位轴线的编号，宜标注在图样的下方及左侧，或在图样的四面标注。横向编号应用阿拉伯数字，从左至右顺序编写；竖向编号应用大写英文字母，从下至上顺序编写，如图 1-29 所示。

（4）英文字母作为轴线号时，应全部采用大写字母，不应用同一个字母的大小写来区分轴线号。英文字母的 I、O、Z 不得用作轴线编号。当字母数量不够使用，可增用双字母或单字母加数字注脚。

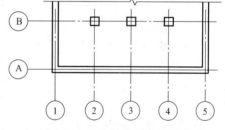

图 1-29　定位轴线的编号顺序

（5）组合较复杂的平面图中定位轴线可采用分区编号，如图 1-30 所示。编号的注写形式应为"分区号——该分区定位轴线编号"，分区号宜采用阿拉伯数字或大写英文字母表示；多子项的平面图中定位轴线可采用子项编号，编号的注写形式为"子项号——该子项定位轴线编号"，子项号采用阿拉伯数字或大写英文字母表示，如"1-1"、"1-A"或"A-1"、"A-2"。当采用分区编号或子项编号，同一根轴线有不止 1 个编号时，相应编号应同时注明。

（6）附加定位轴线的编号应以分数形式表示，并应符合下列规定：

1）两根轴线的附加轴线，应以分母表示前一轴线的编号，分子表示附加轴线的编号。编号宜用阿拉伯数字顺序编写；

2）1 号轴线或 A 号轴线之前的附加轴线的分母应以 01 或 0A 表示。

（7）一个详图适用于几根轴线时，应同时注明各有关轴线的编号，如图 1-31 所示。

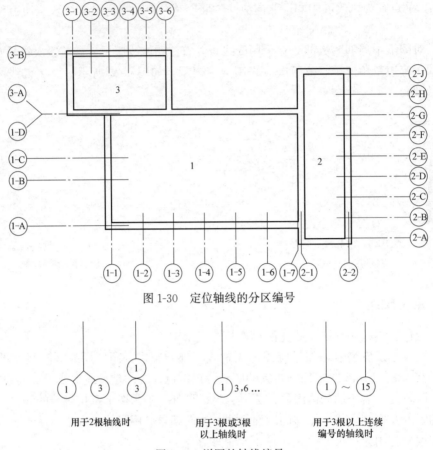

图 1-30　定位轴线的分区编号

图 1-31　详图的轴线编号

（8）通用详图中的定位轴线，应只画圆，不注写轴线编号。

（9）圆形与弧形平面图中的定位轴线，其径向轴线应以角度进行定位，其编号宜用阿拉伯数字表示，从左下角或－90°（若径向轴线很密，角度间隔很小）开始，按逆时针顺序编写；其环向轴线宜用大写英文字母表示，从外向内顺序编写，如图 1-32、图 1-33 所示。圆形与弧形平面图的圆心宜选用大写英文字母编号（I、O、Z 除外），有不止 1 个圆心时，可在字母后加注阿拉伯数字进行区分，如 P1、P2、P3。

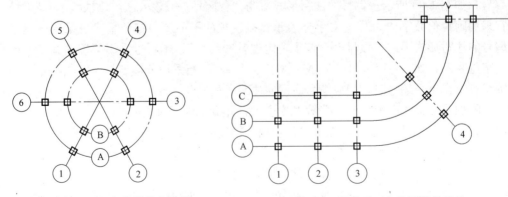

图 1-32　圆形平面定位轴线的编号　　　　图 1-33　弧形平面定位轴线的编号

（10）折线形平面图中，定位轴线的编号可按图1-34的形式编写。

1.2.6 尺寸标注

1. 尺寸界线、尺寸线及尺寸起止符号

（1）图样上的尺寸应包括尺寸界线、尺寸线、尺寸起止符号和尺寸数字，如图1-35所示。

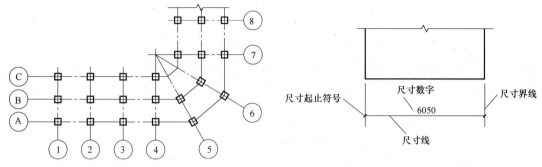

图1-34 折线形平面定位轴线的编号　　　　　图1-35 尺寸的组成

（2）尺寸界线应用细实线绘制，应与被注长度垂直，其一端应离开图样轮廓线不小于2mm，另一端宜超出尺寸线2～3mm。图样轮廓线可用作尺寸界线，如图1-36所示。

（3）尺寸线应用细实线绘制，应与被注长度平行，两端宜以尺寸界线为边界，也可超出尺寸界线2～3mm。图样本身的任何图线均不得用作尺寸线。

（4）尺寸起止符号用中粗斜短线绘制，其倾斜方向应与尺寸界线成顺时针45°角，长度宜为2～3mm。轴测图中用小圆点表示尺寸起止符号，小圆点直径1mm，如图1-37（a）所示。半径、直径、角度与弧长的尺寸起止符号，宜用箭头表示，箭头宽度b不宜小于1mm，如图1-37（b）所示。

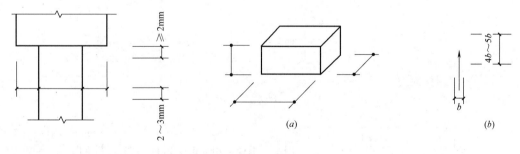

图1-36 尺寸界限　　　　　图1-37 尺寸起止符号
（a）轴测图尺寸起止符号；（b）箭头尺寸起止符号

2. 尺寸数字

（1）图样上的尺寸应以尺寸数字为准，不应从图上直接量取。

（2）图样上的尺寸单位，除标高及总平面以米为单位外，其他必须以毫米为单位。

（3）尺寸数字的方向，应按图1-38（a）的规定注写。若尺寸数字在30°斜线区内，也可按图1-38（b）的形式注写。

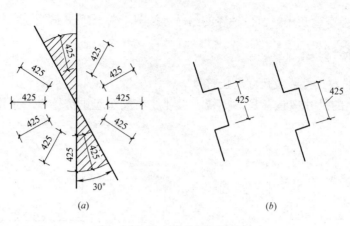

图 1-38　尺寸数字的注写方向

（4）尺寸数字应依据其方向注写在靠近尺寸线的上方中部。如没有足够的注写位置，最外边的尺寸数字可注写在尺寸界线的外侧，中间相邻的尺寸数字可上下错开注写，可用引出线表示标注尺寸的位置，如图 1-39 所示。

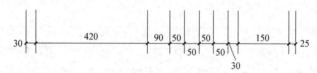

图 1-39　尺寸数字的注写位置

3. 尺寸的排列与布置

（1）尺寸宜标注在图样轮廓以外，不宜与图线、文字及符号等相交，如图 1-40 所示。

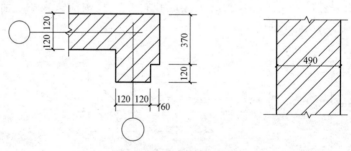

图 1-40　尺寸数字的注写

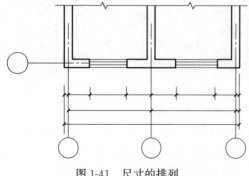

图 1-41　尺寸的排列

（2）互相平行的尺寸线，应从被注写的图样轮廓线由近向远整齐排列，较小尺寸应离轮廓线较近，较大尺寸应离轮廓线较远，如图 1-41 所示。

（3）图样轮廓线以外的尺寸界线，距图样最外轮廓之间的距离不宜小于 10mm。平行排列的尺寸线的间距宜为 7～10mm，并应保持一致，如图 1-41 所示。

（4）总尺寸的尺寸界线应靠近所指部

位，中间的分尺寸的尺寸界线可稍短，但其长度应相等，如图 1-41 所示。

4. 构件尺寸标注

（1）两构件的两条很近的重心线，应按图 1-42 的规定在交汇处将其各自向外错开。

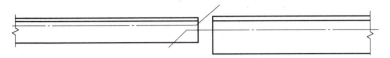

图 1-42　两构件重心不重合的表示方法

（2）弯曲构件的尺寸，应按图 1-43 的规定沿其弧度的曲线标注弧的轴线长度。

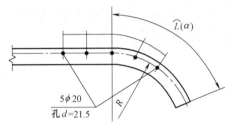

图 1-43　弯曲构件尺寸的标注方法

（3）切割的板材，应按图 1-44 的规定标注各线段的长度及位置。

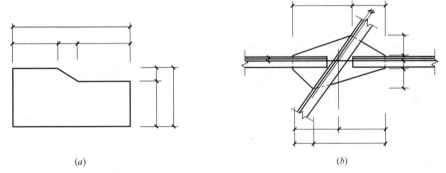

(a)　　　　　　　　　　　　　(b)

图 1-44　切割板材尺寸的标注方法

（4）不等边角钢的构件，应按图 1-45 的规定标注出角钢一肢的尺寸。

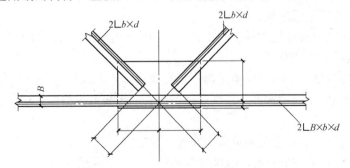

图 1-45　节点尺寸及不等边角钢的标注方法

（5）节点尺寸，应按图 1-45、图 1-46 的规定，注明节点板的尺寸和各杆件螺栓孔中心或中心距，以及杆件端部至几何中心线交点的距离。

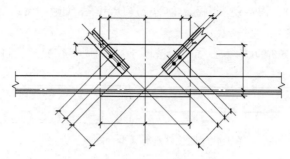

图 1-46　节点尺寸的标注方法

（6）双型钢组合截面的构件，应按图 1-47 的规定注明缀板的数量及尺寸。引出横线上方标注缀板的数量及缀板的宽度、厚度，引出横线下方标注缀板的长度尺寸。

（7）非焊接的节点板，应按图 1-48 的规定注明节点板的尺寸和螺栓孔中心与几何中心线交点的距离。

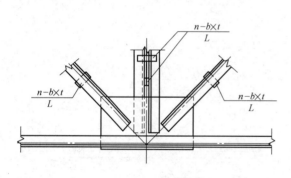

图 1-47　缀板的标注方法

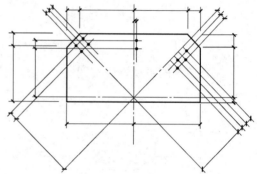

图 1-48　非焊接节点板尺寸的标注方法

1.2.7　钢结构制图一般要求

（1）钢结构布置图可采用单线表示法、复线表示法及单线加短构件表示法，并符合下列规定：

1）单线表示时，应使用构件重心线（细点画线）定位，构件采用中实线表示；非对称截面应在图中注明截面摆放方式。

2）复线表示时，应使用构件重心线（细点画线）定位，构件采用细实线表示构件外轮廓，细虚线表示腹板或肢板。

3）单线加短构件表示时，应使用构件重心线（细点画线）定位，构件采用中实线表示；短构件使用细实线表示构件外轮廓，细虚线表示腹板或肢板；短构件长度一般为构件实际长度的 1/3~1/2。

4）为方便表示，非对称截面可采用外轮廓线定位。

（2）构件断面可采用原位标注或编号后集中标注，并符合下列规定：

1）平面图中主要标注内容为梁、水平支撑、栏杆、铺板等平面构件。

2）剖、立面图中主要标注内容为柱、支撑等竖向构件。

（3）构件连接应根据设计深度的不同要求，采用如下表示方法：

1）制造图的表示方法，要求有构件详图及节点详图；

2）索引图加节点详图的表示方法；

3）标准图集的方法。

1.2.8 复杂节点详图的分解索引

（1）从结构平面图或立面图引出的节点详图较为复杂时，可按图 1-50 的规定，将图 1-49 的复杂节点分解成多个简化的节点详图进行索引。

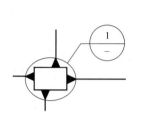

图 1-49　复杂节点详图的索引　　　图 1-50　分解为简化节点详图的索引

（2）由复杂节点详图分解的多个简化节点详图有部分或全部相同时，可按图 1-51 的规定简化标注索引。

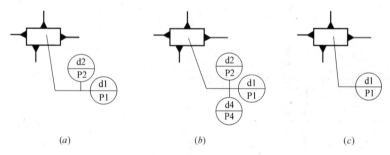

图 1-51　节点详图分解索引的简化标注

（a）同方向节点相同；（b）d1 与 d3 相同，d2 与 d4 不同；（c）所有节点相同

1.3　钢结构图的图示方法和标注规定

1.3.1　常用型钢的标注方法

常用型钢的标注方法应符合表 1-7 中的规定。

常用型钢的标注方法　　　　　　　　　　　表 1-7

序号	名称	截面	标注	说明
1	等边角钢	∟	∟ $b \times t$	b 为肢宽 t 为肢厚
2	不等边角钢	∟ B	∟ $B \times b \times t$	B 为长肢宽 b 为短肢宽 t 为肢厚

序号	名称	截面	标注	说明
3	工字钢		I_N　　$Q I_N$	轻型工字钢加注 Q 字
4	槽钢		E_N　　$Q \mathsf{E}_N$	轻型槽钢加注 Q 字
5	方钢	b	b	—
6	扁钢	b	— $b \times t$	—
7	钢板		$-\dfrac{-b \times t}{L}$	宽×厚 板长
8	圆钢		ϕd	—
9	钢管		$\phi d \times t$	d 为外径 t 为壁厚
10	薄壁方钢管		B □ $b \times t$	
11	薄臂等肢角钢		B └ $b \times t$	
12	薄壁等肢卷边角钢	a	B └ $b \times a \times t$	
13	薄壁槽钢	h	B Ϲ $h \times b \times t$	薄壁型钢加注 B 字 t 为壁厚
14	薄壁卷边槽钢	a	B Ϲ $h \times b \times a \times t$	
15	薄壁卷边 Z 型钢	h a b	B ┌ $h \times b \times a \times t$	
16	T 型钢		TW×× TM×× TN××	TW 为宽翼缘 T 型钢 TM 为中翼缘 T 型钢 TN 为窄翼缘 T 型钢
17	H 型钢		HW×× HM×× HN××	HW 为宽翼缘 H 型钢 HM 为中翼缘 H 型钢 HN 为窄翼缘 H 型钢
18	起重机钢轨		QU××	详细说明产品规格型号
19	轻轨及钢轨		××kg/m 钢轨	

1.3.2　螺栓、孔、电焊铆钉的表示方法

螺栓、孔、电焊铆钉的表示方法应符合表1-8中的规定。

螺栓、孔、电焊铆钉的表示方法　　　　　　　　　　　　　表1-8

序号	名称	图例	说明
1	永久螺栓		
2	高强度螺栓		
3	安装螺栓		1. 细"十"线表示定位线 2. M表示螺栓型号 3. φ表示螺栓孔直径 4. d表示膨胀螺栓、电焊铆钉直径 5. 采用引出线标注螺栓时,横线上标注螺栓规格,横线下标注螺栓孔直径
4	膨胀螺栓		
5	圆形螺栓孔		
6	长圆形螺栓孔		
7	电焊铆钉		

1.3.3　焊缝符号及标注方法

1. 焊缝符号

焊缝符号是工程语言的一种,是用符号在焊接结构设计的图样中标注出焊缝形式、焊缝和坡口的尺寸及其他焊接要求。我国的焊缝符号是由国家标准《焊缝符号表示法》GB/T 324—2008统一规定的。

完整的焊缝符号包括基本符号、指引线、补充符号、尺寸符号及数据等。其详细内容如下:

（1）常用焊接方法的代号　《焊接及相关工艺方法代号》GB/T 5185—2005 规定了各种焊接方法用数字代号表示。常用焊接方法的数字代号见表 1-9。

焊 接 方 法	数 字 代 号
焊条电弧焊	111
氧乙炔焊	311
钨极惰性气体保护电弧焊（TIG）	141
埋弧焊	12
电渣焊	72
熔化极气体保护电弧焊	MIG：熔化极惰性气体保护电弧焊 131 MAG：熔化极非惰性气体保护电弧焊 135

（2）基本符号　基本符号表示焊缝横截面的基本形式或特征，具体参见表 1-10。

序号	名 称	示 意 图	符 号
1	卷边焊缝（卷边完全熔化）		八
2	I 形焊缝		‖
3	V 形焊缝		∨
4	单边 V 形焊缝		V
5	带钝边 V 形焊缝		Y
6	带钝边单边 V 形焊缝		Y
7	带钝边 U 形焊缝		Y
8	带钝边 J 形焊缝		Ｕ
9	封底焊缝		◡
10	角焊缝		◺

序号	名　称	示　意　图	符　号
11	塞焊缝或槽焊缝		⊓
12	点焊缝		○
13	缝焊缝		⊖
14	陡边 V 形焊缝		⋁
15	陡边单 V 形焊缝		⋁
16	端焊缝		⫼
17	堆焊缝		⌒⌒
18	平面连接(钎焊)		=
19	斜面连接(钎焊)		∕∕
20	折叠连接(钎焊)		⊂

基本符号的应用见表1-11。

基本符号的应用示例 　　　　　　　　　　　　　　　　表 1-11

序号	符号	示 意 图	标 注 示 例
1	V		
2	Y		
3	△		
4	X		
5	K		

（3）基本符号的组合　标注双面焊焊缝或接头时，基本符号可以组合使用，见表1-12。

基本符号的组合 　　　　　　　　　　　　　　　　　　表 1-12

序号	名　　称	示 意 图	符　　号
1	双面 V 形焊缝（X 焊缝）		X
2	双面单 V 形焊缝（K 焊缝）		K

续表

序号	名　　称	示　意　图	符　　号
3	带钝边的双面 V 形焊缝	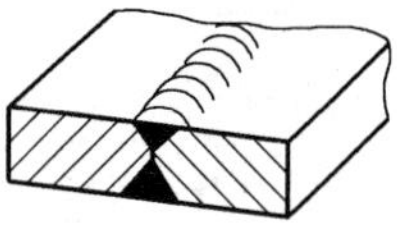	 符号
4	带钝边的双面单 V 形焊缝	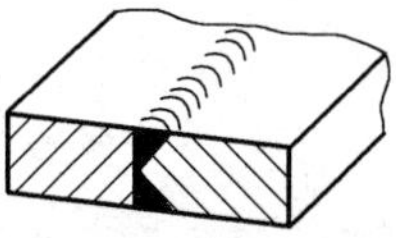	 符号
5	双面 U 形焊缝	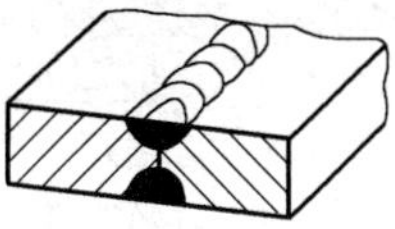	 符号

（4）补充符号　补充符号用来补充说明有关焊缝或接头的某些特征（诸如表面形状、衬垫、焊缝分布、施焊地点等）而采用的符号，见表 1-13。

补充符号　　　　　　　　　　　　　　　　　表 1-13

序号	名称	符号	说明
1	平面		焊缝表面通常经过加工后平整
2	凹面		焊缝表面凹陷
3	凸面		焊缝表面凸起
4	圆滑过渡		焊趾处过渡圆滑
5	永久衬垫	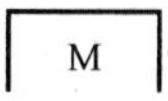 M	衬垫永久保留
6	临时衬垫	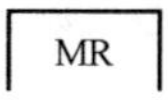 MR	衬垫在焊接完成后拆除
7	三面焊缝		三面带有焊缝
8	周围焊缝	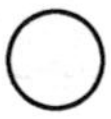	沿着工件周边施焊的焊缝 标注位置为基准线与箭头线的交点处
9	现场焊缝		在现场焊接的焊缝
10	尾部		可以表示所需的信息

补充符号的应用及标注示例见表 1-14、表 1-15。

补充符号应用示例 表 1-14

序号	名　称	示　意　图	符　号
1	平齐的 V 形焊缝		
2	凸起的双面 V 形焊缝		
3	凹陷的角焊缝		
4	平齐的 V 形焊缝和封底焊缝		
5	表面过渡平滑的角焊缝		

补充符号标注示例 表 1-15

序号	符　号	示　意　图	标　注　示　例
1			
2			
3			

2. 基本符号和指引线的位置

（1）基本要求　在焊缝符号中，基本符号和指引线为基本要素。焊缝的准确位置通常由基本符号和指引线之间的相对位置决定，具体位置包括：箭头线的位置；基准线的位置；基本符号的位置。

（2）指引线　指引线由箭头线和基准线（实线和虚线）组成，如图1-52所示。

（3）箭头线　箭头直接指向的接头侧为"接头与箭头侧"，与其相对的则为"接头的非箭头侧"，如图1-53所示。

（4）基准线　基准线一般应与图样的底边平行，必要时也可与底边垂直。

实线和虚线的位置可根据需要互换。

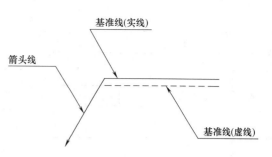

图1-52　指引线

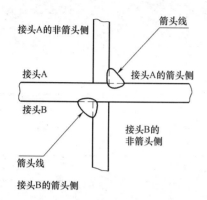

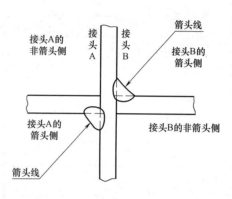

图1-53　接头的"箭头侧"及"非箭头侧"示例

（5）基本符号与基准线的相对位置　基本符号在实线侧时，表示焊缝在箭头侧，如图1-54（a）所示；基本符号在虚线侧时，表示焊缝在非箭头侧，如图1-54（b）所示。对称焊缝允许省略虚线，如图1-54（c）所示。在明确焊缝分布位置的情况下，有些双面焊缝也可省略虚线，如图1-54（d）所示。

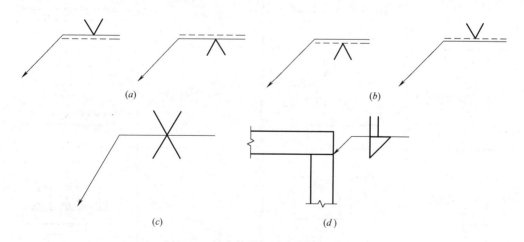

图1-54　基本符号与基准线的相对位置

（a）焊缝在接头的箭头侧；（b）焊缝在接头的非箭头侧；（c）对称焊缝；（d）双面焊缝

3. 尺寸符号

焊缝的尺寸符号见表1-16。尺寸标注的示例见表1-17。

焊缝的尺寸符号　　　　　　　　　　　　　　　　表 1-16

符号	名称	示 意 图	符号	名称	示 意 图
δ	工件厚度		c	焊缝宽度	
α	坡口角度		K	焊脚尺寸	
β	坡口面角度		d	点焊:熔核直径 塞焊:孔径	
b	根部间隙		n	焊缝段数	$n=2$
p	钝边		l	焊缝长度	
R	根部半径		e	焊缝间距	
H	坡口深度		N	相同焊缝数量	$N=3$
S	焊缝有效厚度		h	余高	

尺寸标注的示例　　　　　　　　　　　　　　　　表 1-17

序号	名称	示　意　图	尺寸符号	标注方法
1	对接焊缝	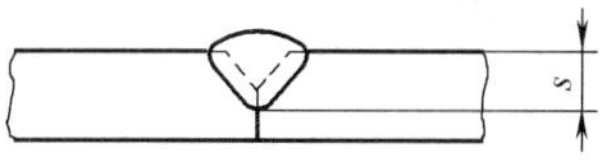	S:焊缝有效厚度	 S
2	连续角焊缝	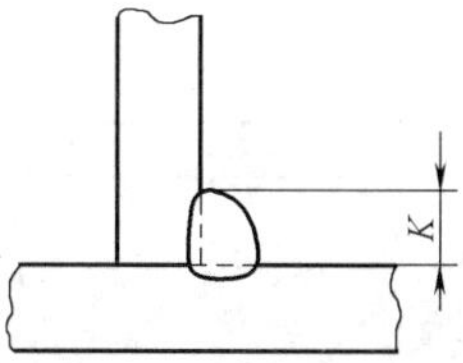	K:焊脚尺寸	 K
3	断续角焊缝	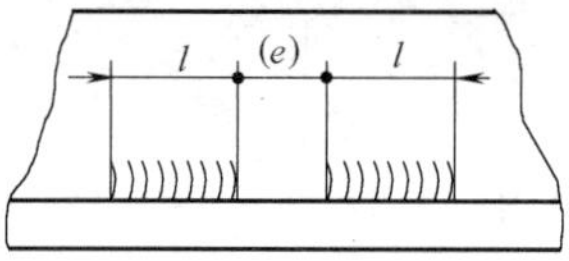	l:焊缝长度； e:间距； n:焊缝段数； K:焊脚尺寸	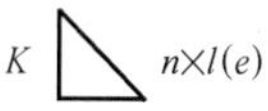 K $n\times l(e)$
4	交错断续 角焊缝	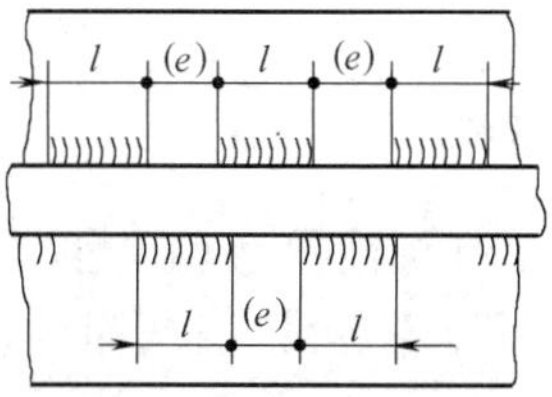	l:焊缝长度； e:间距； n:焊缝段数； K:焊脚尺寸	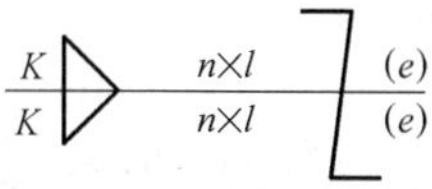 K $n\times l$ (e) K $n\times l$ (e)
5	塞焊缝或 槽焊缝	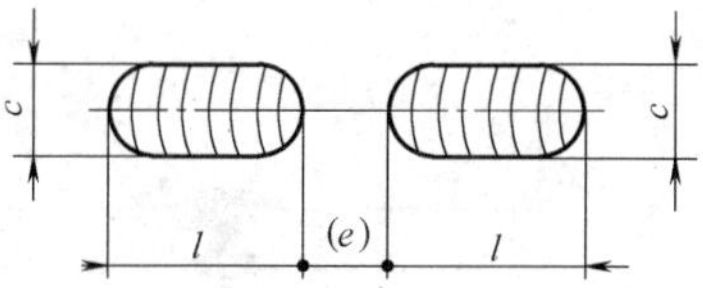	l:焊缝长度； e:间距； n:焊缝段数； c:槽宽	 c $n\times l(e)$
		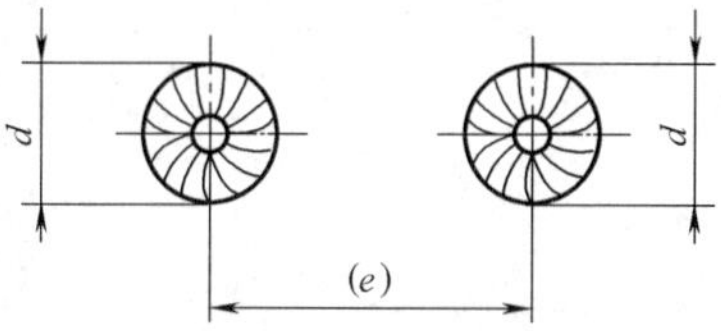	e:间距； n:焊缝段数； d:孔径	 d $n\times(e)$
6	点焊缝	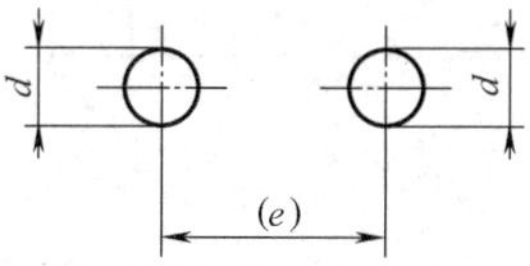	n:焊点数量； e:焊点距； d:熔核直径	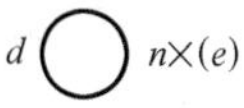 d ○ $n\times(e)$
7	缝焊缝	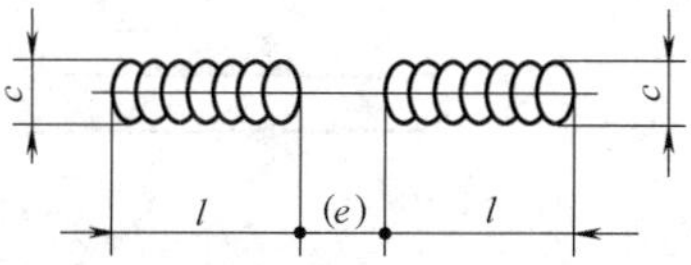	l:焊缝长度； e:间距； n:焊缝段数； c:焊缝宽度	 c ⊖ $n\times l(e)$

4. 焊缝在图纸上的标注方法

（1）单面焊缝的标注方法应符合下列规定：

1）当箭头指向焊缝所在的一面时，应将图形符号和尺寸标注在横线的上方（图 1-55a）。当箭头指向焊缝所在另一面（相对应的那面）时，应按图 1-55（b）的规定执行，将图形符号和尺寸标注在横线的下方。

2）表示环绕工作件周围的焊缝时，应按图 1-55（c）的规定执行，其围焊焊缝符号为圆圈，绘在引出线的转折处并标注焊角尺寸 K。

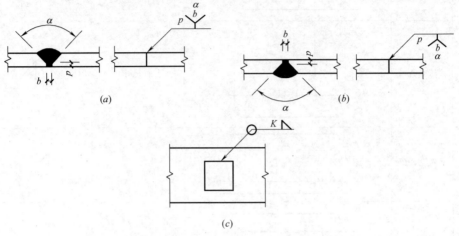

图 1-55　单面焊缝的标注方法

（2）双面焊缝的标注，应在横线的上、下都标注符号和尺寸。上方表示箭头一面的符号和尺寸，下方表示另一面的符号和尺寸（图 1-56a）；当两面的焊缝尺寸相同时，只需在横线上方标注焊缝的符号和尺寸（图 1-56b、c、d）。

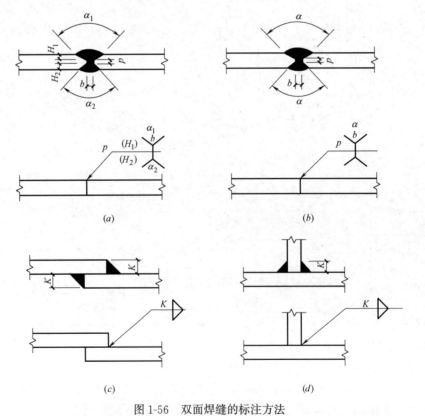

图 1-56　双面焊缝的标注方法

（3）3 个和 3 个以上的焊件相互焊接的焊缝，不得作为双面焊缝标注。其焊缝符号和尺寸应分别标注（图 1-57）。

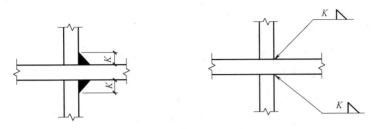

图 1-57　3 个以上焊件的焊缝标注方法

（4）相互焊接的两个焊件中，当只有一个焊件带坡口时（如单面 V 形），引出线箭头必须指向带坡口的焊件（图 1-58）。

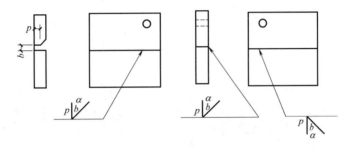

图 1-58　一个焊件带坡口的焊缝标注方法

（5）相互焊接的两个焊件，当为单面带双边不对称坡口焊缝时，应按图 1-59 的规定，引出线箭头应指向较大坡口的焊件。

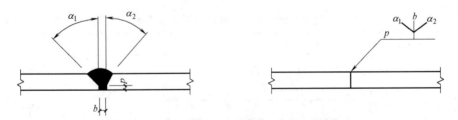

图 1-59　不对称坡口焊缝的标注方法

（6）当焊缝分布不规则时，在标注焊缝符号的同时，可按图 1-60 的规定，宜在焊缝处加中实线（表示可见焊缝）或加细栅线（表示不可见焊缝）。

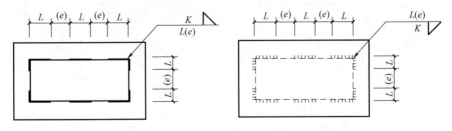

图 1-60　不规则焊缝的标注方法

（7）相同焊缝符号应按下列方法表示：

1）在同一图形上，当焊缝形式、断面尺寸和辅助要求均相同时，应按图1-61（a）的规定，可只选择一处标注焊缝的符号和尺寸，并加注"相同焊缝符号"。相同焊缝符号为3/4圆弧，绘在引出线的转折处。

2）在同一图形上，当有数种相同的焊缝时，宜按图1-61（b）的规定，可将焊缝分类编号标注。在同一类焊缝中可选择一处标注焊缝符号和尺寸。分类编号采用大写的拉丁字母A、B、C。

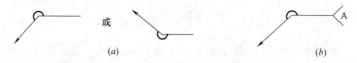

图1-61 相同焊缝的标注方法

（8）需要在施工现场进行焊接的焊件焊缝，应按图1-62的规定标注"现场焊缝"符号。现场焊缝符号为涂黑的三角形旗号，绘在引出线的转折处。

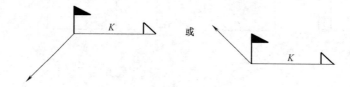

图1-62 现场焊缝的表示方法

（9）当需要标注的焊缝能够用文字表述清楚时，也可采用文字表达的方式。

（10）建筑钢结构常用焊缝符号及符号尺寸应符合表1-18的规定。

建筑钢结构常用焊缝符号及符号尺寸 表 1-18

序号	焊缝名称	形 式	标 注 法	符号尺寸(mm)
1	V形焊缝			
2	单边V形焊缝		注:箭头指向剖口	
3	带钝边单边V形焊缝			

续表

序号	焊缝名称	形　式	标　注　法	符号尺寸(mm)
4	带垫板带钝边单边 V 形焊缝		注:箭头指向剖口	
5	带垫板 V 形焊缝			60°
6	Y 形焊缝			60°
7	带垫板 Y 形焊缝			—
8	双单边 V 形焊缝			—
9	双 V 形焊缝			—
10	带钝边 U 形焊缝			

续表

序号	焊缝名称	形 式	标 注 法	符号尺寸(mm)
11	带钝边双U形焊缝			—
12	带钝边J形焊缝			
13	带钝边双J形焊缝			—
14	角焊缝			
15	双面角焊缝			—
16	剖口角焊缝	$a=t/3$		
17	喇叭形焊缝			

续表

序号	焊缝名称	形　式	标　注　法	符号尺寸/mm
18	双面半喇叭形焊缝			
19	塞焊			

1.3.4　钢结构焊接接头坡口形式

（1）各种焊接方法及接头坡口形式尺寸代号和标记应符合下列规定：

1）焊接焊透种类代号应符合表 1-19 的规定。

焊接焊透种类代号　　　　　　　　　　　　表 1-19

代号	焊接方法	焊透种类	代号	焊接方法	焊透种类
MC	焊条电弧焊	完全焊透	SC	埋弧焊	完全焊透
MP		部分焊透	SP		部分焊透
GC	气体保护电弧焊	完全焊透	SL	电渣焊	完全焊透
GP	药芯焊丝自保护焊	部分焊透			

2）单面、双面焊接及衬垫种类代号应符合表 1-20 的规定。

单面、双面焊接及衬垫种类代号　　　　　　　表 1-20

反面衬垫种类		单面、双面焊接	
代号	使用材料	代号	单面、双面焊接面规定
BS	钢衬垫	1	单面焊接
BF	其他材料的衬垫	2	双面焊接

3）坡口各部分尺寸代号应符合表 1-21 的规定。

坡口各部分的尺寸代号　　　　　　　　　　表 1-21

代号	代表的坡口各部分尺寸	代号	代表的坡口各部分尺寸
t	接缝部位的板厚/mm	p	坡口钝边/mm
b	坡口根部间隙或部件间隙/mm	α	坡口角度/(°)
h	坡口深度/mm		

4）焊接接头坡口形式和尺寸的标记应符合下列规定：

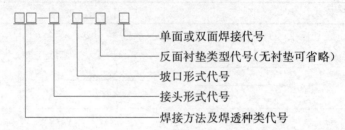

标记示例：焊条电弧焊、完全焊透、对接、Ⅰ形坡口、背面加钢衬垫的单面焊接接头表示为 MC-BI-B_S1。

（2）焊条电弧焊全焊透坡口形式和尺寸宜符合表 1-22 的要求。

焊条电弧焊全焊透坡口形式和尺寸　　　表 1-22

序号	标记	坡口形状示意图	板厚（mm）	焊接位置	坡口尺寸（mm）	备注
1	MC-BI-2 MC-TI-2 MC-CI-2		3~6	F H V O	$b=\dfrac{t}{2}$	清根
2	MC-BI-B1 MC-CI-B1		3~6	F H V O	$b=t$	
3	MC-BV-2 MC-CV-2		≥6	F H V O	$b=0\sim3$ $p=0\sim3$ $\alpha_1=60°$	清根

续表

序号	标记	坡口形状示意图	板厚 (mm)	焊接位置	坡口尺寸 (mm)		备注
4	MC-BV-B1		≥6	F,H V,O	b	α_1	
					6	45°	
				F,V O	10	30°	
					13	20°	
					$p=0\sim2$		
	MC-CV-B1		≥12	F,H V,O	b	α_1	
					6	45°	
				F,V O	10	30°	
					13	20°	
					$p=0\sim2$		
5	MC-BL-2		≥6	F H V O	$b=0\sim3$ $p=0\sim3$ $\alpha_1=45°$		清根
	MC-TL-2						
	MC-CL-2						
6	MC-BL-B1		≥6	F H V O	b	α_1	
	MC-TL-B1			F,H V,O (F,V, O)	6	45°	
					(10)	(30°)	
	MC-CL-B1			F,H V,O (F,V, O)	$p=0\sim2$		

序号	标记	坡口形状示意图	板厚 (mm)	焊接位置	坡口尺寸 (mm)	备注
7	MC-BX-2		≥16	F H V O	$b=0\sim3$ $H_1=\dfrac{2}{3}(t-p)$ $p=0\sim3$ $H_2=\dfrac{1}{3}(t-p)$ $\alpha_1=45°$ $\alpha_2=60°$	清根
8	MC-BK-2 MC-TK-2 MC-CK-2		≥16	F H V O	$b=0\sim3$ $H_1=\dfrac{2}{3}(t-p)$ $p=0\sim3$ $H_2=\dfrac{1}{3}(t-p)$ $\alpha_1=45°$ $\alpha_2=60°$	清根

（3）气体保护焊、自保护焊全焊透坡口形式和尺寸宜符合表 1-23 的要求。

气体保护焊、自保护焊全焊透坡口形式和尺寸　　　　　　表 1-23

序号	标记	坡口形状示意图	板厚 (mm)	焊接位置	坡口尺寸 (mm)	备注
1	GC-BI-2 GC-TI-2 GC-CI-2		3~8	F H V O	$b=0\sim3$	清根

续表

序号	标记	坡口形状示意图	板厚 (mm)	焊接位置	坡口尺寸 (mm)		备注
2	GC-BI-B1 GC-CI-B1		6～10	F H V O	$b=t$		
3	GC-BV-2 GC-CV-2		≥6	F H V O	$b=0\sim3$ $p=0\sim3$ $\alpha_1=60°$		清根
4	GC-BV-B1 GC-CV-B1		≥6 ≥12	F V O	b 6 10 $p=0\sim2$	α_1 45° 30°	
5	GC-BL-2 GC-TL-2 GC-CL-2		≥6	F H V O	$b=0\sim3$ $p=0\sim3$ $\alpha_1=45°$		清根

序号	标记	坡口形状示意图	板厚 （mm）	焊接位置	坡口尺寸 （mm）		备注
6	GC-BL-B1			F,H V,O	b	α_1	
					6	45°	
					(10)	(30°)	
	GC-TL-B1		≥6		$p=0\sim2$		
	GC-CL-B1						
7	GC-BX-2		≥16	F H V O	$b=0\sim3$ $H_1=\dfrac{2}{3}(t-p)$ $p=0\sim3$ $H_2=\dfrac{1}{3}(t-p)$ $\alpha_1=45°$ $\alpha_2=60°$		清根
8	GC-BK-2		≥16	F H V O	$b=0\sim3$ $H_1=\dfrac{2}{3}(t-p)$ $p=0\sim3$ $H_2=\dfrac{1}{3}(t-p)$ $\alpha_1=45°$ $\alpha_2=60°$		清根
	GC-TK-2						
	GC-CK-2						

（4）埋弧焊全焊透坡口形式和尺寸宜符合表 1-24 要求。

埋弧焊全焊透坡口形式和尺寸 表 1-24

序号	标记	坡口形状示意图	板厚（mm）	焊接位置	坡口尺寸（mm）	备注
1	SC-BI-2		6～12	F	$b=0$	清根
	SC-TI-2		6～10	F		
	SC-CI-2			F		
2	SC-BI-B1		6～10	F	$b=t$	
	SC-CI-B1					
3	SC-BV-2		≥12	F	$b=0$ $H_1=t-p$ $p=6$ $\alpha_1=60°$	清根
	SC-CV-2		≥10	F	$b=0$ $p=6$ $\alpha_1=60°$	清根
4	SC-BV-B1		≥10	F	$b=8$ $H_1=t-p$ $p=2$ $\alpha_1=30°$	
	SC-CV-B1					

序号	标记	坡口形状示意图	板厚 (mm)	焊接位置	坡口尺寸 (mm)	备注
5	SC-BL-2		≥12	F	$b=0$ $H_1=t-p$ $p=6$ $\alpha_1=55°$	清根
			≥10	H		
	SC-TL-2		≥8	F	$b=0$ $H_1=t-p$ $p=6$ $\alpha_1=60°$	清根
	SC-CL-2		≥8	F	$b=0$ $H_1=t-p$ $p=6$ $\alpha_1=55°$	
6	SC-BL-B1 SC-TL-B1 SC-CL-B1		≥10	F		

坡口尺寸 (第6项):

b	α_1
6	45°
10	30°

$p=2$

续表

序号	标记	坡口形状示意图	板厚 (mm)	焊接位置	坡口尺寸 (mm)	备注
7	SC-BX-2		≥20	F	$b=0$ $H_1=\dfrac{2}{3}(t-p)$ $p=6$ $H_2=\dfrac{1}{3}(t-p)$ $\alpha_1=45°$ $\alpha_2=60°$	清根
8	SC-BK-2		≥20	F	$b=0$ $H_1=\dfrac{2}{3}(t-p)$ $p=5$ $H_2=\dfrac{1}{3}(t-p)$ $\alpha_1=45°$ $\alpha_2=60°$	清根
			≥12	H		
	SC-TK-2		≥20	F	$b=0$ $H_1=\dfrac{2}{3}(t-p)$ $p=5$ $H_2=\dfrac{1}{3}(t-p)$ $\alpha_1=45°$ $\alpha_2=60°$	清根
	SC-CK-2		≥20	F	$b=0$ $H_1=\dfrac{2}{3}(t-p)$ $p=5$ $H_2=\dfrac{1}{3}(t-p)$ $\alpha_1=45°$ $\alpha_2=60°$	清根

（5）焊条电弧焊部分焊透坡口形式和尺寸宜符合表 1-25 的要求。

焊条电弧焊部分焊透坡口形式和尺寸　　　　　　　表 1-25

序号	标记	坡口形状示意图	板厚（mm）	焊接位置	坡口尺寸（mm）	备注
1	MP-BI-1		3～6	F H V O	$b=0$	
	MP-CI-1					
2	MP-BI-2		3～6	FH VO	$b=0$	
	MP-CI-2		6～10	FH VO	$b=0$	
3	MP-BV-1		≥6	F H V O	$b=0$ $H_1 \geqslant 2\sqrt{t}$ $p=t-H_1$ $\alpha_1=60°$	
	MP-BV-2					
	MP-CV-1					
	MP-CV-2					

续表

序号	标记	坡口形状示意图	板厚 （mm）	焊接位置	坡口尺寸 （mm）	备注
4	MP-BL-1 MP-BL-2 MP-CL-1 MP-CL-2		≥6	F H V O	$b=0$ $H_1 \geqslant 2\sqrt{t}$ $p=t-H_1$ $\alpha_1=45°$	
5	MP-TL-1 MP-TL-2		≥10	F H V O	$b=0$ $H_1 \geqslant 2\sqrt{t}$ $p=t-H_1$ $\alpha_1=45°$	
6	MP-BX-2		≥25	F H V O	$b=0$ $H_1 \geqslant 2\sqrt{t}$ $p=t-H_1-H_2$ $H_2 \geqslant 2\sqrt{t}$ $\alpha_1=60°$ $\alpha_2=60°$	

序号	标记	坡口形状示意图	板厚（mm）	焊接位置	坡口尺寸（mm）	备注
7	MP-BK-2		≥25	F H V O	$b=0$ $H_1 \geqslant 2\sqrt{t}$ $p=t-H_1-H_2$ $H_2 \geqslant 2\sqrt{t}$ $\alpha_1=45°$ $\alpha_2=45°$	
	MP-TK-2					
	MP-CK-2					

（6）气体保护焊、自保护焊部分焊透坡口形式和尺寸宜符合表 1-26 的要求。

气体保护焊、自保护焊部分焊透坡口形式和尺寸　　　　**表 1-26**

序号	标记	坡口形状示意图	板厚（mm）	焊接位置	坡口尺寸（mm）	备注
1	GP-BI-1		3～10	F H V O	$b=0$	
	GP-CI-1					
2	GP-BI-2		3～10	F H V O	$b=0$	
	GP-CI-2		10～12			

续表

序号	标记	坡口形状示意图	板厚（mm）	焊接位置	坡口尺寸（mm）	备注
3	GP-BV-1		≥6	F H V O	$b=0$ $H_1 \geqslant 2\sqrt{t}$ $p=t-H_1$ $\alpha_1=60°$	
	GP-BV-2					
	GP-CV-1					
	GP-CV-2					
4	GP-BL-1		≥6	F H V O	$b=0$ $H_1 \geqslant 2\sqrt{t}$ $p=t-H_1$ $\alpha_1=45°$	
	GP-BL-2					
	GP-CL-1		6～24			
	GP-CL-2					

续表

序号	标记	坡口形状示意图	板厚（mm）	焊接位置	坡口尺寸（mm）	备注
5	GP-TL-1 GP-TL-2		$\geqslant 10$	F H V O	$b=0$ $H_1\geqslant 2\sqrt{t}$ $p=t-H_1$ $\alpha_1=45°$	
6	GP-BX-2		$\geqslant 25$	F H V O	$b=0$ $H_1\geqslant 2\sqrt{t}$ $p=t-H_1-H_2$ $H_2\geqslant 2\sqrt{t}$ $\alpha_1=60°$ $\alpha_2=60°$	
7	GP-BK-2 GP-TK-2 GP-CK-2		$\geqslant 25$	F H V O	$b=0$ $H_1\geqslant 2\sqrt{t}$ $p=t-H_1-H_2$ $H_2\geqslant 2\sqrt{t}$ $\alpha_1=45°$ $\alpha_2=45°$	

（7）埋弧焊部分焊透坡口形式和尺寸宜符合表 1-27 的要求。

埋弧焊部分焊透坡口形式和尺寸   表 1-27

序号	标记	坡口形状示意图	板厚（mm）	焊接位置	坡口尺寸（mm）	备注
1	SP-BI-1 SP-CI-1		6～12	F	$b=0$	
2	SP-BI-2 SP-CI-2		6～20	F	$b=0$	
3	SP-BV-1 SP-BV-2 SP-CV-1 SP-CV-2		≥14	F	$b=0$ $H_1 \geqslant 2\sqrt{t}$ $p=t-H_1$ $\alpha_1=60°$	

续表

序号	标记	坡口形状示意图	板厚（mm）	焊接位置	坡口尺寸（mm）	备注
4	SP-BL-1		≥14	F H	$b=0$ $H_1 \geqslant 2\sqrt{t}$ $p=t-H_1$ $\alpha_1=60°$	
	SP-BL-2					
	SP-CL-1					
	SP-CL-2					
5	SP-TL-1		≥14	F H	$b=0$ $H_1 \geqslant 2\sqrt{t}$ $p=t-H_1$ $\alpha_1=60°$	
	SP-TL-2					
6	SP-BX-2		≥25	F	$b=0$ $H_1 \geqslant 2\sqrt{t}$ $p=t-H_1-H_2$ $H_2 \geqslant 2\sqrt{t}$ $\alpha_1=60°$ $\alpha_2=60°$	

续表

序号	标记	坡口形状示意图	板厚（mm）	焊接位置	坡口尺寸（mm）	备注
7	SP-BK-2		≥25	F H	$b=0$ $H_1 \geqslant 2\sqrt{t}$ $p=t-H_1-H_2$ $H_2 \geqslant 2\sqrt{t}$ $\alpha_1=60°$ $\alpha_2=60°$	
	SP-TK-2					
	SP-CK-2					

建筑钢材类型

2.1 钢材的分类

钢材的分类依据及种类见表2-1。

钢材的分类依据及种类 表 2-1

序号	分类依据	种类		具 体 说 明
1	按化学成分分类	碳素钢	低碳钢	含碳量 $w_C<0.25\%$
			中碳钢	含碳量 w_C 为 $0.25\%\sim0.60\%$
			高碳钢	含碳量 $w_C>0.60\%$
		合金钢	低合金钢	合金元素的总含量$<5\%$
			中合金钢	合金元素的总含量为 $5\%\sim10\%$
			高合金钢	合金元素的总含量$>10\%$
2	按冶炼方法分类	转炉钢		用转炉吹炼的钢,主要用于冶炼碳素钢和低合金钢
		平炉钢		用平炉炼制的钢,主要用于冶炼碳素钢和低合金钢
		电炉钢		用电炉炼制的钢,主要用于冶炼合金钢
3	按浇注前的脱氧程度分类	沸腾钢		属脱氧不完全的钢,浇注时钢锭模里产生沸腾现象。优点有:冶炼损耗少、成本低、表面质量及深冲性能好;缺点有:成分和质量不均匀、抗腐蚀性和力学强度较差通常用于轧制碳素结构钢的型钢和钢板
		镇静钢		属脱氧完全的钢,浇注时钢锭模里钢液镇静,没有沸腾现象。优点有:成分和质量均匀;缺点有:金属的收得率低,成本较高
		半镇静钢		指脱氧程度介于镇静钢和沸腾钢之间的钢。由于半镇静钢的生产较难控制,因此目前产量较少
4	按钢的质量分类	普通钢		含杂质元素较多,通常含硫量 $w_S\leqslant0.055\%$,含磷量 $w_P\leqslant0.045\%$,如碳素结构钢、低合金结构钢等
		优质钢		含杂质元素较少,通常含硫量 w_S 及含磷量 w_P 均$\leqslant0.04\%$,如优质碳素结构钢、合金结构钢、碳素工具钢和合金工具钢、弹簧钢、轴承钢等

续表

序号	分类依据	种类		具 体 说 明
4	按钢的质量分类	高级优质钢		含杂质元素极少,通常含硫量 $w_S \leqslant 0.03\%$,含磷量 $w_P \leqslant 0.035\%$,如合金结构钢和工具钢等。高级优质钢的钢号后面,通常加符号"A"或汉字"高",以便于识别
5	按钢的用途分类	结构钢	建筑及工程用结构钢	简称建造用钢,是指建筑、桥梁、船舶、锅炉或其他工程上用于制作金属结构件的钢
			机械制造用结构钢	指用于制造机械设备上结构零件的钢。机械制造用结构钢基本上都是优质钢或高级优质钢
		工具钢		通常用于制造各种工具,如碳素工具钢、合金工具钢、高速工具钢等
		特殊钢		指具有特殊性能的钢,如不锈耐酸钢、耐热不起皮钢、高电阻合金钢、耐磨钢、低温用磁钢等
		专业用钢		指各个工业部门用于专业用途的钢,如汽车用钢、农机用钢、航空用钢、化工机械用钢、锅炉用钢、电工用钢、焊条用钢、桥梁用钢等
6	按制造加工形式分类	铸钢		指采用铸造方法生产出来的一种钢铸件,主要用于制造一些形状复杂、难于锻造或切削加工成形而又有较高强度和塑性要求的零件
		锻钢		指采用锻造方法生产出来的各种锻材和锻件。由于锻钢件的质量比铸钢件高,能承受大的冲击力,塑性、韧性和其他力学性能均高于铸钢件
		热轧钢		指用热轧方法生产出来的各种钢材。热轧方法常用来生产型钢、钢管、钢板等大型钢材,也用于轧制线材
		冷轧钢		指用冷轧方法生产出来的各种钢材。与热轧钢相比,冷轧钢的特点是表面光洁、尺寸精确、力学性能好。冷轧常用来轧制薄板、钢带和钢管
		冷拔钢		指用冷拔方法生产出来的各种钢材。冷拔钢的特点是:精度高、表面质量好

2.2 钢材的性能

1. 受拉、受压及受剪时的性能

如图 2-1 所示,钢材标准试件在常温静载情况下,单向均匀受拉试验时的应力,应变 (σ-ε) 曲线。

(1) 强度性能指标

1) 线弹性阶段:在图 2-1 中,σ-ε 曲线的 OP 段为直线,说明应力与应变的关系为线性,卸载后变形完全消失,说明材料为弹性。P 点应力 f_p,称为比例极限。OP 段直线的斜率 $E = 2.06 \times 10^{11} \text{N/m}^2$ 称为弹性模量。应力与应变的关系可表示为 $\sigma = E\varepsilon$。

2) 非线性弹性阶段:σ-ε 曲线的 PE 段为曲线,说明应力与应变的关系

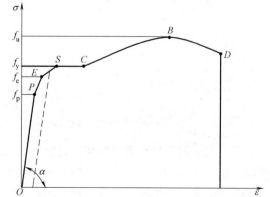

图 2-1 碳素结构钢的应力-应变曲线

为非线性，但材料仍为弹性。E 点的应力 f_e 称为弹性极限。PE 段曲线斜率为 $E_t = d\sigma/d\varepsilon$，叫作切线模量。弹性极限 f_e 与比例极限 f_p 很接近，实际上很难区分，因此一般只提比例极限。

3）弹-塑性阶段：σ-ε 曲线的 ES 段，材料表现为非弹性性质，即卸荷曲线为图 2-1 中的虚直线，它与 OP 平行，此时留下永久性的残余变形。S 点的应力 f_y 称为屈服点。

4）塑性阶段：对于低碳钢，出现明显的屈服台阶 SC 段，即应力在屈服点 f_y 下不变，而应变不断增大。在开始进入塑性流动范围时，曲线波动较大，以后逐渐趋于平稳，其最高点和最低点分别称为上屈服点和下屈服点。上屈服点与试验条件（加荷速度、试件形状、试件对中的准确性）有关；下屈服点则对此不太敏感，设计中取用的设计强度以下屈服点为依据。

对于没有缺陷和残余应力影响的试件，比例极限和屈服点比较接近，且屈服点前的应变很小（对低碳钢约为 0.15%）。当应力达到屈服点后，杆件将产生很大的塑性变形（低碳钢 $\varepsilon_c = 2.5\%$），这在使用上是不容许的，表明钢材已失去了承载能力。因此，在设计时应取屈服点作为钢材可以达到的最大应力。

5）硬化阶段：经过屈服台阶后，σ-ε 曲线出现了上升的 CB 曲线段，材料表现出应变硬化。B 点的应力 f_u 称为抗拉强度（极限强度）。当应力达到 B 点时，试件发生颈缩现象，至 D 点而断裂。当以屈服点的应力 f_y 作为强度限值时，抗拉强度 f_u 只是作为材料的强度储备。

6）理想的弹-塑性模型：对于有明显屈服台阶的钢材，假定在应力不超过屈服点以前钢材为线弹性，在应力超过屈服点以后则为完全塑性，如图 2-2 所示。这样钢材就被视为理想的弹塑性材料，可简化计算分析。

7）条件屈服点：高强度钢没有明显的屈服点和屈服台阶，这类钢的屈服点是根据试验结果分析人为规定的，故称为条件屈服点。条件屈服点是以卸荷后试件中残余应变 0.2% 所对应的应力（有时用 $f_{0.2}$ 表示），如图 2-3 所示。

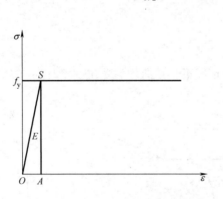

图 2-2　理想的弹塑性体的应力-应变曲线

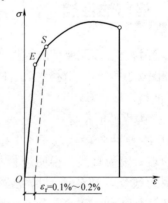

图 2-3　高强度钢的应力-应变曲线

由于高强度钢不具有明显的塑性台阶，设计中不宜利用它的塑性。

（2）塑性性能指标　试件被拉断时的绝对变形值与试件标距长度之比的百分数，即为伸长率，以 δ 表示。伸长率代表材料在单向拉伸时的塑性应变的能力。当试件标距长度与试件直径 d 之比为 10 时，则伸长率以 δ_{10} 表示；当试件标距长度与试件直径 d 之比为 5

时，则伸长率以 δ_5 表示。

（3）物理性能指标　钢材在单向受压（粗而短的试件）时，受力性能基本上和单向受拉时相同。受剪的情况也相似，但屈服点 τ_y 及抗剪强度 τ_u 均较受拉时为低；剪变模量 G 也低于弹性模量 E。

钢材和钢铸件的弹性模量 E、剪变模量 G、线膨胀系数 α 和质量密度 ρ 见表 2-2。

钢材和钢铸件的物理性能指标　　　　　　　　　　表 2-2

弹性模量 $E(\mathrm{N/mm^2})$	剪变模量 $G(\mathrm{N/mm^2})$	线膨胀系数 $\alpha(1/℃)$	质量密度 $\rho(\mathrm{kg/m^3})$
$206×10^3$	$79×10^3$	$12×10^{-6}$	7850

2. 冷弯性能

钢材的冷弯性能是塑性指标之一，同时也是衡量钢材质量的一个综合性指标。冷弯性能由冷弯试验确定（图 2-4）。试验时，按照规定的弯心直径在试验机上用冲头加压，使试件弯成180°，如试件外表面不出现裂纹和分层，即为合格。通过冷弯试验不仅能直接检验钢材的弯曲变形能力或塑性性能，还能暴露钢材内部的冶金缺陷，如硫、磷偏析和硫化物与氧化物的掺杂情况，在一定程度上也是鉴定焊接性能的一个指标。结构在制作和安装的过程中要进行冷加工，特别是焊接结构焊后变形的调直等工序，都需要钢材有较好的冷弯性能。因此，冷弯性能是衡量钢材在弯曲状态下的塑性变形能力和钢材质量的综合指标。

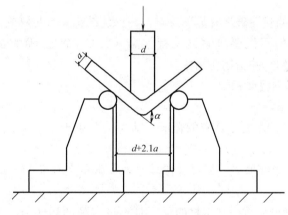

图 2-4　钢材冷弯试验示意图

3. 冲击韧性

韧性与钢材断裂前单位体积材料所吸收的总能量（弹性能和非弹性能之和）多少相关。这个总能量值就是拉伸试验曲线（图 2-1 所示 $\sigma\text{-}\varepsilon$ 曲线）下包围的面积。曲线包围的面积越大，韧性就越高。因此，韧性是钢材强度和塑性的综合指标。通常，当钢材的强度提高而韧性出现降低时，则说明钢材趋于脆性。

钢材的强度和塑性指标是由静力拉伸试验获得的，用于结构承受动力荷载的设计时，显然有很大的局限性。对钢材进行冲击韧性试验的目的，就在于获得钢材抵抗动力荷载的性能指标。

构件局部缺陷（如裂纹和缺口等）处产生应力集中和同号应力场，塑性变形发展受到限制的结果是钢材在动力荷载作用下发生脆性破坏的原因。因此，冲击韧性试验，采用带缺口的标准试件（图 2-5a、b）进行冲击试验，根据试件断裂时所吸收的总能量（弹性能和非弹性能之和）来衡量钢材的抗冲击能力，称为冲击韧性。

在国家标准《碳素结构钢》GB/T 700—2006 中规定，冲击韧性试验采用夏比 V 形缺口试件（图 2-5a）在夏比试验机上进行，根据试件断裂时所消耗的冲击功（以 C_v 表示，单位：J）来衡量钢料的抗冲击能力，试验结果不除以缺口处的截面积。

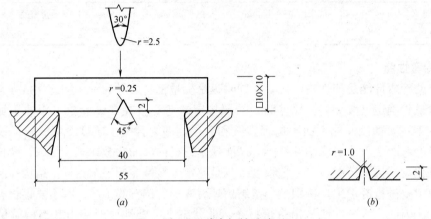

图 2-5　冲击韧性试验

(a) V 形缺口试件；(b) U 形缺口试件

由于低温对钢材的脆性破坏有显著影响，为保证结构具有足够的抗脆性破坏能力，因此，寒冷地区的钢结构不仅要求钢材具有常温（20℃）冲击韧性指标，还应具有负温（0℃、−20℃或−40℃）冲击韧性指标。

4. 钢材性能的影响因素

（1）化学成分的影响

1）碳（C）：碳素钢主要是铁碳的合金，其含碳量小于 2%。按含碳量的多少可分为低碳钢（其含碳量小于 0.25%）、中碳钢（其含碳量在 0.25%～0.6%）和高碳钢（其含碳量大于 0.6%）。含碳量越高，其可焊性越差；含碳量在 0.12%～0.20% 范围内，可焊性最好。

2）锰（Mn）：锰可显著提高钢材的强度且不过多降低塑性和冲击韧性，但锰会使钢材的可焊性下降。

3）硅（Si）：硅是强脱氧剂，能提高钢的强度而不显著影响塑性、韧性、冷弯性和可焊性，但过量会恶化钢的可焊性和抗锈蚀性。

4）钒（V）、铌（Nb）、钛（Ti）：钒、铌、钛能使钢材晶粒细化，在提高强度的同时可保持良好的塑性和韧性。

5）铝（Al）、铬（Cr）、镍（Ni）：铝是强脱氧剂，能减少钢中有害氧化物，且能细化晶粒。低合金钢的 C、D 及 E 级都规定含铝量不低于 0.015%，以保证低温冲击韧性。铬能提高钢的淬透性和耐磨性，能改善钢的抗腐蚀能力和抗氧化作用。镍能提高钢的强度、韧性和淬透性。含量高时，可显著提高钢的抗腐蚀能力。

6）硫（S）、磷（P）、氧（O）、氮（N）：硫、磷、氧和氮都是有害杂质，会引起钢材的冷脆、热脆裂纹，应严格控制其含量。

（2）成材过程的影响

1）冶炼。冶炼的过程形成钢的化学成分及其含量、钢的金相组织结构及其缺陷，从而确定了不同的钢种、钢号和相应的力学性能。

2）浇铸。浇铸铸锭的过程中，因脱氧不同而形成镇静钢、半镇静钢和沸腾钢。

3）轧制。钢材的轧制使金属晶粒细化，使气泡、裂纹等焊合。因薄板辊轧次数多，所以其力学性能比厚板好。沿辊轧方向的力学性能比垂直于辊轧方向的力学性能好，所以要尽量避免拉力垂直于板面，以防层间撕裂。

4）热处理。热处理不但能使钢材取得高强度，而且还能使其保持良好的塑性和韧性。

（3）结构钢材的脆性破坏　通常情况下，钢材是弹塑性材料，在制造和使用中可能产生脆性破坏。

1）冷加工硬化：在常温下的加工称为冷加工。拉、弯、冲孔、机械剪切会使钢材产生很大的塑性变形，加载时屈服点提高，塑性、韧性降低。重要结构应把硬化的边缘部分刨去。

2）时效硬化：钢材随时间的增长而变脆。重要结构应对钢材进行人工时效，然后测定其冲击韧性，保证结构有长期抗脆性破坏的能力。

3）负温影响：在负温区强度增高，塑性变形减少，材料变脆，对冲击韧性影响特别突出。结构设计中要避免完全脆性破坏。

4）在低温区应注意焊缝质量：焊缝布置不当可使焊接残余应力增大，焊缝区产生三向同号应力使材质变脆，焊接缺陷、微裂纹都将导致钢材脆断。

5）应力集中：当截面完整性遭到破坏，如有裂纹、孔洞、刻槽、凹角及截面厚度或宽度突变时，都将产生高峰应力，即应力集中现象，高峰应力处将产生双向或三向应力，材料的变形受限制，将造成脆性断裂。对厚钢板应有更高的韧性要求。

6）结构突然受力：加载速度越大，脆性断裂的可能性就越大。减小荷载的冲击、减缓加载的速度和降低应力水平是防止脆性断裂的措施。

2.3　钢材的选用

各种建筑结构对钢材各有要求，选用时要根据要求对钢材的强度、塑性、韧性、耐疲劳性能、焊接性能、耐锈性能等进行全面考虑。对厚钢板结构、焊接结构、低温结构和采用含碳量高的钢材制作的结构，还应防止脆性破坏。

1. 钢材选用原则

下列情况的承重结构和构件不应采用 Q235 沸腾钢：

（1）焊接结构

1）直接承受动力荷载或振动荷载且需要验算疲劳的结构。

2）工作温度低于−20℃时的直接承受动力荷载或振动荷载但可不验算疲劳的结构以及承受静力荷载的受弯及受拉的重要承重结构。

3）工作温度等于或低于−30℃的所有承重结构。

（2）非焊接结构　工作温度等于或低于−20℃的直接承受动力荷载且需要验算疲劳的

结构。

2. 钢材性能要求

承重结构采用的钢材应具有抗拉强度、伸长率、屈服强度和硫、磷含量的合格保证，对焊接结构尚应具有碳含量的合格保证。

焊接承重结构以及重要的非焊接承重结构采用的钢材还应具有冷弯试验的合格保证。

对于需要验算疲劳的焊接结构的钢材，应具有常温冲击韧性的合格保证。当结构工作温度不高于0℃但高于－20℃时，Q235钢和Q345钢应具有0℃冲击韧性的合格保证；对Q390钢和Q420钢应具有－20℃冲击韧性的合格保证。当结构工作温度不高于－20℃时，对Q235钢和Q345钢应具有－20℃冲击韧性的合格保证；对Q390钢和Q420钢应具有－40℃冲击韧性的合格保证。

对于需要验算疲劳的非焊接结构的钢材亦应具有常温冲击韧性的合格保证。当结构工作温度不高于－20℃时，对Q235钢和Q345钢应具有0℃冲击韧性的合格保证；对Q390钢和Q420钢应具有－20℃冲击韧性的合格保证。

注：吊车起重量不小于50t的中级工作制吊车梁，对钢材冲击韧性的要求应与需要验算疲劳的构件相同。

3. 钢材的代用与变通

结构钢材的选择应符合图纸设计要求的规定，钢结构工程所采用的钢材必须附有钢材的质量证明书，各项指标应符合设计文件的要求和国家现行有关标准的规定。钢材代用一般须与设计单位共同研究确定，同时应注意以下几点：

（1）钢号虽然满足设计要求，但生产厂提供的材质保证书中缺少设计部门提出的部分性能要求时，应做补充试验。如Q235钢缺少冲击、低温冲击试验的保证条件时，应作补充试验，合格后才能应用。补充试验的试件数量，每炉钢材、每种型号规格一般不宜少于三个。

（2）钢材性能虽然能满足设计要求，但钢号的质量优于设计提出的要求时，应注意节约。如在普通碳素钢中以镇静钢代沸腾钢，优质碳素钢代普通碳素钢（20号钢代Q235）等都要注意节约，不要任意以优代劣，不要使质量差距过大。如采用其他专业用钢代替建筑结构钢时，最好查阅这类钢材生产的技术条件，并与《碳素结构钢》GB/T 700—2006相对照，以保证钢材代用的安全性和经济合理性。

普通低合金钢的相互代用，如用Q390代Q345等，要更加谨慎，除机械性能满足设计要求外，在化学成分方面还应注意可焊性。重要的结构要有可靠的试验依据。

（3）如钢材性能满足设计要求，而钢号质量低于设计要求时，一般不允许代用。如结构性质和使用条件允许，在材质相差不大的情况下，经设计单位同意亦可代用。

（4）钢材的钢号和性能都与设计提出的要求不符时，首先应检查是否合理，然后按钢材的设计强度重新计算，根据计算结果改变结构的截面、焊缝尺寸和节点构造。

在普通碳素钢中，以Q215代Q235是不经济的，因为Q215的设计强度低，代用后结构的截面和焊缝尺寸都要增大很多。以Q255代Q235，一般作为Q235的强度使用，但制作结构时应该注意冷作和焊接的一些不利因素。Q275钢不宜在建筑结构中使用。

（5）对于成批混合的钢材，如用于主要承重结构时，必须逐根按现行标准对其化学成分和机械性能分别进行试验。如检验不符合要求时，可根据实际情况用于非承重结构构件。

（6）钢材机械性能所需的保证项目仅有一项不合格者，可按以下原则处理：

1）当冷弯合格时，抗拉强度的上限值可以不限。

2）伸长率比设计的数值低 1% 时，允许使用，但不宜用于考虑塑性变形的构件。

3）冲击功值按一组三个试样单值的算术平均值计算，允许其中一个试样单值低于规定值，但不得低于规定值的 70%。

（7）采用进口钢材时，应验证其化学成分和机械性能是否满足相应钢号的标准。

（8）钢材的规格尺寸与设计要求不同时，不能随意以大代小，须经计算后才能代用。

（9）如钢材供应不全，可根据钢材选择的原则灵活调整。建筑结构对材质的要求是：受拉构件高于受压构件；焊接结构高于螺栓或铆钉连接的结构；厚钢板结构高于薄钢板结构；低温结构高于常温结构；受动力荷载的结构高于受静力荷载的结构。如桁架中上、下弦可用不同的钢材。遇含碳量高或焊接困难的钢材，可改用螺栓连接，但须与设计单位商定。

3

钢结构连接材料与方法

3.1 钢结构连接类型及特点

钢结构中常用的连接方法有焊缝连接和螺栓连接，如图 3-1。最早出现的连接方法是螺栓连接，目前则以焊缝连接为主，高强度螺栓连接近年来发展迅速，使用越来越多。

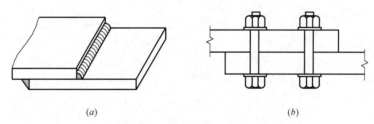

(a)   (b)

图 3-1　钢结构的连接方法

(a) 焊缝连接；(b) 螺栓连接

焊接连接是现代钢结构中最主要的连接方式，它的优点是任何形状的结构都可用焊缝连接，构造简单。焊接连接一般不需拼接材料，省钢省工，而且能实现自动化操作，生产效率较高。目前土木工程中焊接结构占绝对优势。但是，焊缝质量易受材料、操作的影响，因此对钢材材性要求较高。高强度钢更要有严格的焊接程序，焊缝质量要通过多种途径的检验来保证。

螺栓连接分普通螺栓连接和高强度螺栓连接。其中，普通螺栓分 C 级螺栓和 A、B 级螺栓两种：C 级螺栓俗称粗制螺栓，直径与孔径相差 1.0～1.5mm，便于安装，但螺杆与钢板孔壁不够紧密，螺栓不宜受剪；A、B 级螺栓俗称精制螺栓，其栓杆与栓孔的加工都有严格要求，受力性能较 C 级螺栓好，但费用较高。

高强度螺栓分高强度螺栓摩擦型连接、高强度螺栓承压型连接两种，均用强度较高的钢材制作。安装时通过特制的扳手，以较大的扭矩上紧螺帽，使螺杆产生很大的预应力，预应力把被连接的部件夹紧，使部件的接触面间产生很大的摩擦力，外力可通过摩擦力来传递。当仅考虑以部件接触面间的摩擦力传递外力时，称为高强度螺栓摩擦型连接；而同时考虑依靠螺杆和螺孔之间的承压来传递外力时，称为高强度螺栓承压型连接。

3.2 焊缝连接

3.2.1 焊接材料

1. 焊条

焊条是气焊或者电焊时，填充在焊接工件接合处的金属条。

建筑施工图中，焊条用型号或牌号表示。型号是国家标准中对焊条规定的编号，用来标示焊条熔敷金属的力学性能、化学成分、药皮类型、焊接位置和焊接电流种类。牌号是每种出产产品标识的特定编号，用来区别不同焊条的化学成分、力学性能、药皮类型、焊接位置和焊接电流种类。下面分别介绍各类焊条的型号和牌号的表示方法。

（1）焊条的型号标识　在用型号标识焊条时，根据焊条的不同用途，可将焊条分为非合金钢及细晶粒钢焊条、热强钢焊条、不锈钢焊条、堆焊焊条、铸铁焊条、铜及铜合金焊条、铝及铝合金焊条。

1）非合金钢及细晶粒钢焊条。非合金钢及细晶粒钢焊条的标识示例如图 3-2 所示。

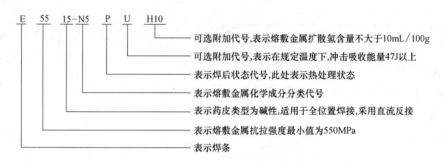

图 3-2　非合金钢及细晶粒钢焊条的标识示例

上图中，焊条型号由五部分组成：

① 第一部分用字母"E"表示焊条。

② 第二部分为字母"E"后面的紧邻两位数字，表示熔敷金属的最小抗拉强度代号，见表 3-1。

	熔敷金属抗拉强度代号		表 3-1
抗拉强度代号	最小抗拉强度值（MPa）	抗拉强度代号	最小抗拉强度值（MPa）
43	430	55	550
50	490	57	570

③ 第三部分为字母"E"后面的第三和第四两位数字，表示药皮类型、焊接位置和电流类型，见表 3-2。

药皮类型代号　　　　　　　　　　　　　　　表 3-2

代　　号	药皮类型	焊接位置①	电流类型
03	钛型	全位置②	交流和直流正、反接
10	纤维素	全位置	直流反接
11	纤维素	全位置	交流和直流反接
12	金红石	全位置②	交流和直流正接
13	金红石	全位置②	交流和直流正、反接
14	金红石＋铁粉	全位置②	交流和直流正、反接
15	碱性	全位置②	直流反接
16	碱性	全位置②	交流和直流反接
18	碱性＋铁粉	全位置②	交流和直流反接
19	钛铁矿	全位置②	交流和直流正、反接
20	氧化铁	PA、PB	交流和直流正接
24	金红石＋铁粉	PA、PB	交流和直流正、反接
27	氧化铁＋铁粉	PA、PB	交流和直流正、反接
28	碱性＋铁粉	PA、PB、PC	交流和直流反接
40	不做规定	由制造商确定	
45	碱性	全位置	直流反接
48	碱性	全位置	交流和直流反接

注：① 焊接位置见《焊缝——工作位置——倾角和转角的定义》GB/T 16672—1996，其中 PA＝平焊、PB＝平角焊、PC＝横焊、PG＝向下立焊。

② 此处"全位置"并不一定包含向下立焊，由制造商确定。

④ 第四部分为熔敷金属的化学成分分类代号，可为"无标记"或短画"-"后的字母、数字或字母和数字的组合，见表 3-3。

熔敷金属化学成分分类代号　　　　　　　　　表 3-3

分类代号	主要化学成分的名义含量(质量分数,%)				
	Mn	Ni	Cr	Mo	Cu
无标记、-1、-P1、-P2	1.0	—	—	—	—
-1M3	—	—	—	0.5	—
-3M2	1.5	—	—	0.4	—
-3M3	1.5	—	—	0.5	—
-N1	—	0.5	—	—	—
-N2	—	1.0	—	—	—
-N3	—	1.5	—	—	—
-3N3	1.5	1.5	—	—	—
-N5	—	2.5	—	—	—
-N7	—	3.5	—	—	—
-N13	—	6.5	—	—	—

续表

分类代号	主要化学成分的名义含量（质量分数，%）				
	Mn	Ni	Cr	Mo	Cu
-N2M3	—	1.0	—	—	—
-NC	—	0.5	—	0.5	0.4
-CC	—	—	0.5	—	0.4
-NCC	—	0.2	0.6	—	0.5
-NCC1	—	0.6	0.6	—	0.5
-NCC2	—	0.3	0.2	—	0.5
-G	其他成分				

⑤ 第五部分为熔敷金属的化学成分代号之后的焊后状态代号，其中"无标记"表示焊态，"P"表示热处理状态，"AP"表示焊态和焊后热处理两种状态均可。

2）热强钢焊条的型号标识。热强钢焊条的标识示例如图3-3所示。

可选附加代号，表示熔敷金属扩散氢含量不大于10mL/100g
表示熔敷金属化学成分分类
表示药皮类型为碱性，适用于全位置焊接，采用自流反接
表示熔敷金属抗拉强度最小值为620MPa
表示焊条

图3-3　热强钢焊条的标识示例

图3-3中，焊条型号由四部分组成：

① 第一部分用字母"E"表示焊条。

② 第二部分为字母"E"后面的紧邻两位数字，表示熔敷金属的最小抗拉强度代号，具体见表3-4。

熔敷金属抗拉强度代号　　　　表3-4

抗拉强度代号	最小抗拉强度值/MPa	抗拉强度代号	最小抗拉强度值/MPa
50	490	55	550
52	520	62	620

③ 第三部分为字母"E"后面的第三和第四两位数字，表示药皮类型、焊接位置和电流类型，见表3-5。

药皮类型代号　　　　表3-5

代　　号	药皮类型	焊接位置①	电流类型
03	钛型	全位置③	交流和直流正、反接
10②	纤维素	全位置	直流反接
11②	纤维素	全位置	交流和直流反接
13	金红石	全位置③	交流和直流正、反接

续表

代 号	药皮类型	焊接位置①	电流类型
15	碱性	全位置③	直流反接
16	碱性	全位置③	交流和直流反接
18	碱性+铁粉	全位置(PG除外)	交流和直流反接
19②	钛铁矿	全位置③	交流和直流正、反接
20②	氧化铁	PA、PB	交流和直流正接
27②	氧化铁+铁粉	PA、PB	交流和直流正接
40	不做规定	由制造商确定	

注：① 焊接位置见《焊缝——工作位置——倾角和转角的定义》GB/T 16672—1996，其中PA=平焊、PB=平角焊、PC=横焊、PG=向下立焊。
② 仅限于熔敷金属化学成分代号1M3。
③ 此处"全位置"并不一定包含向下立焊，由制造商确定。

④ 第四部分为短画"-"后的字母、数字或字母和数字的组合，表示熔敷金属的化学成分分类代号，见表3-6。

熔敷金属化学成分分类代号　　　　　　　　表3-6

分类代号	主要化学成分的名义含量
-1M3	此类焊条中含有Mo，Mo是在非合金钢焊条基础上的唯一添加合金元素。数字1约等于名义上Mn含量两倍的整数，字母"M"表示Mo，数字3表示Mo的名义含量，大约0.5%
-×C×M×	对于含铬-钼的热强钢，标识"C"前的整数表示Cr的名义含量，"M"前的整数表示Mo的名义含量。对于Cr或者Mo，如果名义含量少于1%，则字母前不标记数字。如果在Cr和Mo之外还加入了W、V、B、Nb等合金成分，则按照此顺序，加于铬和钼标记之后。标识末尾的"L"表示含碳量较低。最后一个字母后的数字表示成分有所改变
-G	其他成分

3）不锈钢焊条的型号标识。不锈钢焊条的标识示例如图3-4所示。

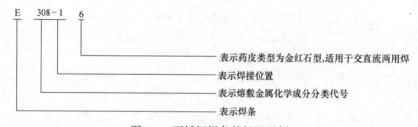

图3-4　不锈钢焊条的标识示例

上图中，焊条型号由四部分组成：

① 第一部分用字母"E"表示焊条。

② 第二部分为字母"E"后面的数字表示熔敷金属的化学成分分类。数字后面的"L"表示碳含量较低，"H"表示碳含量较高，如有其他特殊要求的化学成分，该化学成分用元素符号表示放在后面。

③ 第三部分为短画"-"后的第一位数字，表示焊接位置，见表3-7。

焊接位置代号   表 3-7

代　号	焊接位置①	代　号	焊接位置①
-1	PA、PB、PD、PF	-4	PA、PB、PD、PF、PG
-2	PA、PB		

注：① 焊接位置见《焊缝——工作位置——倾角和转角的定义》GB/T 16672—1996，其中 PA＝平焊、PB＝平角焊、PD＝仰角焊、PF＝向上立焊、PG＝向下立焊。

④ 第四部分为最后一位数字，表示药皮类型和电流类型，见表 3-8。

药皮类型代号   表 3-8

代号	药皮类型	电流类型	代号	药皮类型	电流类型
5	碱性	直流	7	钛酸型	交流和直流②
6	金红石	交流和直流①			

注：① 46 型采用直流焊接。
② 47 型采用直流焊接。

（2）焊条的牌号标识　根据焊条的不同用途，可将焊条分为结构钢焊条、耐热钢焊条、不锈钢焊条、堆焊焊条、低温钢焊条、铸铁焊条、镍及镍合金焊条、铜及铜合金焊条、铝及铝合金焊条及特殊用途焊条。

1）结构钢焊条。结构钢焊条的牌号表示为 $J\times_1\times_2\times_3$，其中"J"为结构钢焊条的牌号代号，或用汉字"结"表示。各种焊条的牌号代号详见表 3-9。

各种焊条的牌号代号   表 3-9

类别	名称	代号		类别	名称	代号	
		字母	汉字			字母	汉字
一	结构钢焊条	J	结	六	铸铁焊条	Z	铸
二	耐热钢焊条	R	热	七	镍及镍合金焊条	Ni	镍
三	低温钢焊条	W	温	八	铜及铜合金焊条	T	铜
四	不锈钢焊条	G	铬	九	铝及铝合金焊条	L	铝
		A	奥	十	特殊用途焊条	Ts	特
五	堆焊焊条	D	堆				

$\times_1\times_2$ 表示熔敷金属抗拉强度最小值，共有九个等级，详见表 3-10；$\times_3$ 表示药皮的类型和焊接电源种类，详见表 3-11。

结构钢焊条中 $\times_1\times_2$ 的含义   表 3-10

牌号	熔敷金属抗拉强度等级（MPa）	熔敷金属屈服强度（MPa）	牌号	熔敷金属抗拉强度等级（MPa）	熔敷金属屈服强度（MPa）
J42×	420(43)	330(34)	J75×	740(75)	640(65)
J50×	490(50)	410(42)	J80×	780(80)	—
J55×	540(55)	440(45)	J85×	830(85)	740(75)
J60×	590(60)	530(54)	J90×	980(100)	—
J70×	690(70)	590(60)			

结构钢焊条中×₃的含义 表 3-11

牌号	药皮类型	焊接电源种类	牌号	药皮类型	焊接电源种类
××0	不属于规定类型	不规定	××4	氧化铁型	直流或交流
××1	氧化钛型	直流或交流	××5	纤维素型	直流或交流
××2	氧化钛钙型	直流或交流	××6	低氢钾型	直流或交流
××3	钛铁矿型	直流或交流	××7	低氢钠型	直流

2）耐热钢焊条和低温钢焊条。耐热钢焊条和低温钢焊条的表示方法为□×₁×₂×₃×₄，其中"□"为牌号代号，当为耐热钢焊条时用"R"或者汉字"温"表示，当为低温钢焊条时用"W"或者汉字"热"表示；×₁×₂两位数表示焊条的温度等级。例如100表示温度等级为100℃；×₁一位数表示耐热钢熔敷金属化学组成类型，详见表 3-12；×₂一位数表示耐热钢熔敷金属同一化学成分中的不同编号；×₃表示药皮的类型和焊接电源种类，详见表 3-13；×₄表示元素符号，只在强调元素作用时才表示。

耐热钢焊条中×₁的含义 表 3-12

×₁类别代号	W_{Cr}（％）	W_{Mo}（％）	×₁类别代号	W_{Cr}（％）	W_{Mo}（％）
1	—	≈0.5	5	≈5	≈0.5
2	≈0.5	≈0.5	6	≈7	≈1
3	1～2	0.5～1	7	≈9	≈1
4	≈2.5	≈1	8	≈11	≈1

耐热钢焊条中×₃的含义 表 3-13

牌号	药皮类型	焊接电源种类	牌号	药皮类型	焊接电源种类
××0	不属于规定类型	不规定	××4	氧化铁型	直流或交流
××1	氧化钛型	直流或交流	××5	纤维素型	直流或交流
××2	氧化钛钙型	直流或交流	××6	低氢钾型	直流或交流
××3	钛铁矿型	直流或交流	××7	低氢钠型	直流

2. 焊剂

焊剂是在焊接时，能够融化形成熔渣和气体，对融化金属起保护作用的颗粒状物质。它的作用类似于焊条药皮，主要用于埋弧焊和电渣焊。

焊剂的功能部分可分为三个：去除焊接面的氧化物，降低焊料熔点和表面张力，尽快达到钎焊温度；保护焊缝金属在液态时不受周围大气中有害气体影响；使液态钎料有合适流动速度以填满钎缝。

在埋弧焊中，焊剂除按用途分为钢用焊剂和有色金属用焊剂外，通常按制造方法、化学成分、化学性质、颗粒结构等分类，具体分类如图 3-5 所示。

焊剂的型号标识。焊剂的型号是按照国家标准划分的，《埋弧焊用非合金钢及细晶粒钢实心焊丝、药芯焊丝和焊丝-焊剂组合分类要求》GB/T 5293—2018 中规定：焊剂型号划分原则是依据埋弧焊焊缝金属的力学性能。

焊剂型号标识如图 3-6 所示。

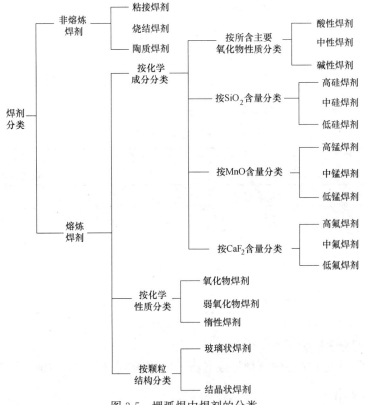

图 3-5　埋弧焊中焊剂的分类

图 3-6　焊剂型号标识

在上图中，焊剂的型号包括以下几部分：

（1）第一部分用字母"S"表示埋弧焊焊丝-焊剂组合。

（2）第二部分表示多道焊在焊态或焊后热处理条件下，熔敷金属的抗拉强度代号，见表 3-14；或者表示用于双面单道焊时焊接接头的抗拉强度代号，见表 3-15。

多道焊熔敷金属抗拉强度代号　　　　　　　　　表 3-14

抗拉强度代号[①]	抗拉强度 R_m（MPa）	屈服强度[②]R_{eL}（MPa）	断后伸长率 A（%）
43X	430~600	≥330	≥20
49X	490~670	≥390	≥18
55X	550~740	≥460	≥17
57X	570~770	≥490	≥17

注：① X 是"A"或者"P"，"A"指在焊态条件下试验；"P"指在焊后热处理条件下试验。

　　② 当屈服发生不明显时，应测定规定塑性延伸强度 $R_{p0.2}$。

双面单道焊焊接接头抗拉强度代号 表 3-15

抗拉强度代号	抗拉强度 R_m（MPa）	抗拉强度代号	抗拉强度 R_m（MPa）
43S	≥430	55S	≥550
49S	≥490	57S	≥570

（3）第三部分表示冲击吸收能量（KV_2）不小于 27J 时的试验温度代号，见表 3-16。

冲击试验温度代号 表 3-16

冲击试验温度代号	冲击吸收能量（KV_2）不小于 27J 时的试验温度①（℃）	冲击试验温度代号	冲击吸收能量（KV_2）不小于 27J 时的试验温度①（℃）
Z	无要求	5	−50
Y	+20	6	−60
0	0	7	−70
2	−20	8	−80
3	−30	9	−90
4	−40	10	−100

注：①如果冲击试验温度代号后附加了字母"U"，则冲击吸收能量（KV_2）不小于 47J。

（4）第四部分表示焊剂类型代号。

（5）第五部分表示实心焊丝型号或者药芯焊丝-焊剂组合的熔敷金属化学成分分类。

3.2.2 焊接方式

钢结构焊接时，根据施焊位置的不同，有平焊、立焊、横焊和仰焊四种，如图 3-7 所示。

1. 平焊

（1）选择适合的焊接工艺，焊条直径、焊接电流、焊接速度、焊接电弧长度等，通过焊接试验验证。

（2）焊接电流。根据焊件厚度、焊接层次、焊条牌号、直径、焊工的熟练程度等因素选择合适的焊接电流。

（3）平焊焊接时，要求等速焊接，保证焊缝高度、宽度均匀一致，从面罩内看熔池中的铁水与熔渣保持等距离（2～4mm）为宜。

（4）焊接电弧长度应根据所用焊条的牌号不同而确定，一般要求电弧长度稳定不变，酸性焊条以 4mm 长为宜，碱性焊条以 2～3mm 为宜。

（5）焊接时，焊条的运行角度应根据两焊件的厚度确定。焊条角度有两个方向：

第一是焊条与焊接前进方向的夹角为 60°～75°，如图 3-8（a）所示。

第二是焊条与焊件左右侧夹角有两种情况，当两焊件厚度相等时，焊条与焊件的夹角均为 45°，

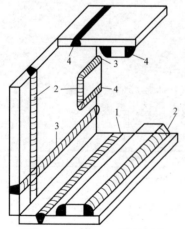

图 3-7 焊缝的施焊位置

1—平焊；2—立焊；3—横焊；4—仰焊

如图 3-8（b）所示；当两焊件厚度不等时，焊条与较厚焊件一侧的夹角应大于焊条与较薄焊件一侧的夹角，如图 3-8（c）所示。

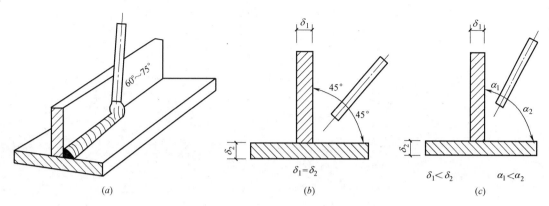

(a)　　　　　　　　　　　(b)　　　　　　　　　　　(c)

图 3-8　平焊焊条角度

（a）焊条与前进方向夹角；（b）焊条与焊件左右侧夹角（相等）；（c）焊条与焊件左右侧夹角（不等）

（6）起焊时，在焊缝起点前方 15～20mm 处的焊道内引燃电弧，将电弧拉长 4～5mm，对母材进行预热后带回到起焊点，把熔池填满到要求的厚度后方可开始向前施焊。焊接过程中由于换焊条等因素再施焊时，其接头方法与起焊方法相同。只是要先把熔池上的熔渣清除干净方可引弧。

（7）收弧时，每条焊缝应焊到末尾将弧坑填满后，往焊接方向的相反方向带弧，使弧坑甩在焊道里边，防止弧坑咬肉。

（8）整条焊缝焊完后即可清除熔渣，经焊工自检确无问题方可转移地点继续焊接。

（9）平焊时，还应注意以下几个问题：

1）平焊时，熔滴金属主要靠自重过渡，操作技术容易掌握，允许用较大直径焊条和电流，生产率较高。

2）熔渣和铁水易出现分不清现象或熔渣超前形成夹渣。

3）由于焊接参数和操作不当，第一层焊缝易导致焊瘤或未焊透。

4）单面焊双面成形时，易产生透度不均、背面成形不良。

2. 立焊

基本操作过程与平焊相同，但应注意以下几个问题：

（1）在相同条件下，焊接电流比平焊电流小 10%～15%。

（2）采用短弧焊接，弧长一般为 2～4mm。

（3）焊条角度根据焊件厚度确定。两焊接件厚度相等，焊条与焊件左右方向夹角均为 45°，如图 3-9（a）所示。两焊件厚度不等时，焊条与较厚焊件一侧的夹角应大于较薄一侧，见图 3-9（b）中 $\alpha_1\alpha_2$ 的夹角；焊条应与垂直面形成 60°～80°角，如图 3-9（c）所示，使电弧略向上，吹向熔池中心。

（4）收弧。当焊到末尾，采用挑弧法将弧坑填满，把电弧移至熔池中央停弧。严禁弧坑甩在一边，为避免咬肉，应压低电弧变换焊条角度，即焊条与焊件垂直或电弧稍向下吹。

（5）在立焊时，由于焊条的熔滴和熔池内金属容易下淌，操作较困难。因此，应注意

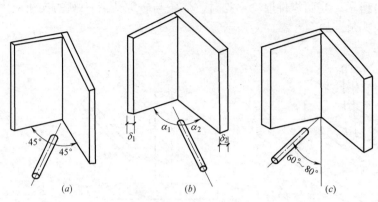

图 3-9 立焊焊条角度

(*a*) 焊件厚度相等；(*b*) 焊件厚度不等；(*c*) 焊条与垂直面形成角度

以下几点：

1）采用较细直径的焊条和较小的电流。

2）采用短弧焊接，缩短熔滴过渡距离。

3）正确选用焊条角度，当对接立焊时，焊条角度左右方向各为 90°与下方垂直平面成 60°～80°。

4）根据接头形式和熔池温度，灵活运用运条方法。

3. 横焊

横焊与平焊基本相同，但应注意以下问题：

（1）焊接电流比同条件的平焊的电流小 10%～15%，电弧长度 2～4mm。

（2）焊条角度横焊焊条应向下倾斜，其角度为 70°～80°，防止铁水下坠。根据两焊件的厚度不同，可适当调整焊条角度。焊条与焊接前进方向为 70°～90°。

（3）横焊时，由于熔化金属受重力作用下流至坡口上，形成未熔合和层间夹渣。因此，应采用较小直径的焊条和短弧施焊。

（4）采用多层多道焊能比较容易防止铁水下流，但外观不易整齐。

（5）在坡口上边缘易形成咬肉，下边缘易形成下坠。操作时应在坡口上边缘少停稳弧动作，并以选定的焊接速度焊至坡口下边缘，做微小的横拉稳弧动作，然后迅速带至上坡口，如此匀速进行。

4. 仰焊

仰焊基本与立焊、横焊相同，其焊条与焊件的夹角和焊件的厚度有关。焊条与焊接方向成 70°～80°，适于小电流短弧焊接。

（1）仰脸对接焊的操作方法 进行开坡口仰脸对接焊时，一般采用多层焊或多层多道焊。

焊第一层时，采用直径 $\phi 3.2$ 的焊条和直线形或直线往返形运条法。在开始焊时，应用长弧预热起焊处（预热时间与焊接厚度、钝边及间隙大小有关）；烤热后，迅速压短电弧于坡口根部；稍停，2～3s，以利于焊透根部；然后，将电弧向前移动进行施焊。施焊时，焊条沿焊接方向移动的速度，应在保证焊透的前提下尽量快一些，以防烧穿及熔化金属下淌。第一层焊缝表面要求平直，避免成凸形。

焊第二层时，应将第一层的熔渣及飞溅金属清除干净，并铲平焊瘤。第二层以后的运条法均可采用月牙形或锯齿形运条法。运条时两侧应稍停一下，中间快一些，以形成较薄的焊道。

用多层多道焊时，可采用直线形运条法。各层焊缝的排列顺序与其他位置的焊缝一样，焊条角度应根据每道焊缝的位置作相应的调整，以利于溶滴的过渡和获得较好的焊缝成形。

（2）弧条电弧焊的仰焊操作特点 仰焊时，由于熔池金属倒悬在焊件下面，没有固体金属的承托，所以焊缝成形困难。同时，施焊中常发生熔渣越前的现象。因此，仰焊时必须保持最短的电弧长度，以便使熔滴在很短时间内过渡到熔池中。在表面张力的作用下，很快与熔池的液体金属汇合，促使焊缝成形。

此外，为减小熔池面积，应选择比平焊时还小的焊条直径和焊接电流。如果电流与焊条直径太大，致使熔池体积增大，易导致熔化金属向下淌落；如果电流太小，则根部不易焊透，易产生夹渣及焊缝不良等缺陷。

3.2.3 焊缝形式

1. 焊缝的类型

（1）按空间位置，焊缝可分为横焊缝、纵（立）焊缝、平焊缝、仰焊缝。

（2）按结合形式，焊缝可分为对接焊缝、搭接焊缝、角焊缝和 T 形焊缝，如图 3-10 所示。

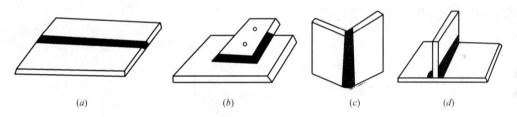

（a）   （b）   （c）   （d）

图 3-10 焊缝结合形式
（a）对接焊缝；（b）搭接焊缝；（c）角焊缝；（d）T 形焊缝

（3）按焊缝断续情况，可分为连续焊缝和断续焊缝。

对上述焊缝，以对接焊缝易于掌握、操作方便、质量较易控制，其余位置的焊缝焊接就不易掌握了。尤其是仰焊缝的焊接难度大，所以在焊接过程中如果条件允许，尽量在平焊位置施焊。

2. 对接焊缝

对接焊缝又称坡口焊缝，因为在施焊时，焊件间须具有适合于焊条运转的空间，所以一般均将焊件边缘开成坡口，焊缝则焊在两焊件的坡口面间或一焊件的坡口与另一焊件的表面间。

（1）采用对接焊缝时，如焊件的宽度不同或厚度相差 4mm 以上时，应分别在宽度方向或厚度方向从一侧或两侧做成坡度不大于 1/4 的斜角，如图 3-11 所示；当厚度不同时，焊缝坡口形式应根据较薄焊件的厚度按相关规定取用。

（2）当对接焊件厚度相差小于 4mm 时，焊缝表面斜度已足以满足和缓传递的要求，

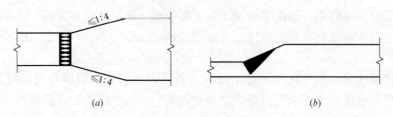

图 3-11　不同宽度或厚度钢板的拼接

(a) 不同宽度；(b) 不同厚度

可不必做成斜角。因此，只有当板厚差大于 4mm 时才需做成斜角。但是，由于改变厚度时对钢板的切削很费事，故一般不宜改变厚度。

(3) 当采用不焊透的对接焊缝时，应在设计中注明坡口的形式和尺寸，其有效厚度 h_e (mm) 不得小于 $1.5\sqrt{B}$，B 为坡口所在焊件的较大厚度 (mm)。

未焊透对接焊缝的有效厚度 $h_e \geqslant 1.5\sqrt{B}$ 的规定与角焊缝最小厚度 h_f 的规定相同，这是由于两者性质是近似的。

(4) 对受动力荷载的构件，当垂直于焊缝长度方向受力时，未焊透处的应力集中会产生不利影响，因此规定不宜采用。但当外荷载平行于焊缝长度方向时，例如起重机臂的纵向焊缝 (图 3-12)，起重机梁下翼缘焊缝等，只受剪应力作用，则可用于受动力荷载的结构。

图 3-12 (a) 板件有未焊透的焊缝，如按 $1.5\sqrt{B}$ 算得的 h_e 值大于板件厚度 $B/2$ 时，则此焊缝应按焊透的对接焊缝考虑。

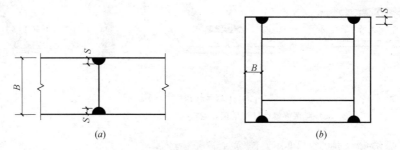

图 3-12　起重机臂的纵向焊缝

(a) 水平接缝；(b) 垂直接缝

3. 角焊缝

(1) 角焊缝宜沿长度方向布置，分为连续角焊缝和断续角焊缝两种形式。连续角焊缝的受力性能较好，应用较为广泛；断续角焊缝两端的应力集中较严重，一般只用在次要构件或次要焊缝连接中。如图 3-13 所示。

(2) 断续角焊缝之间的净距不宜过大，以免连接不紧密，导致潮气侵入引起锈蚀，故一般应不大于 $15t$ (对受压构件) 或 $30t$ (对受拉构件)，t 为较薄焊件厚度。

(3) 角焊缝的焊脚尺寸 K (mm) 不得小于 $1.5\sqrt{B}$ (N 为较厚焊件厚度)。对自动焊，最小焊脚尺寸可减小 1mm；对 T 形连接的单面角焊缝，应增加 1mm。当焊件厚度等于或小于 4mm 时，最小焊脚尺寸应与焊件厚度相同。

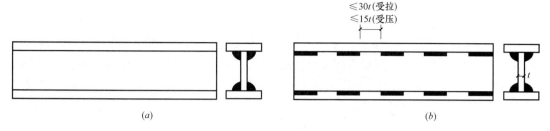

图 3-13 角焊缝

（a）连续角焊缝；（b）断续角焊缝

（4）角焊缝的焊脚尺寸不宜大于较薄焊件厚度的 1.2 倍（钢管结构除外）。板件（厚度为 N）边缘角焊缝的最大焊脚尺寸，还应符合下列要求：

1）当 N≤6mm 时，K≤N；

2）当 N>6mm 时，K≤N-（1~2）mm。

（5）若焊件（厚度为 N）的边缘角焊缝与焊件边缘等厚，在施焊时容易产生"咬边"现象，所以应注意以下几点：

1）当焊件厚度大于 6mm 时，焊件边缘焊缝的最大厚度比焊件厚度小 1~2mm，如图 3-14 所示。

2）当焊件厚度等于或小于 6mm 时，一般采用小直径焊条施焊，角焊缝与焊件等厚。

（6）角焊缝的两焊脚尺寸一般应相等。当焊件的厚度相差较大，且等焊脚尺寸不能符合上述（3）、（4）、（5）的要求时，可采用不等脚尺寸。

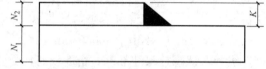

图 3-14 边缘焊缝

圆孔或槽孔内的角焊缝焊脚尺寸是根据施工经验确定的，如果焊脚尺寸过大，焊接时产生的焊渣易把孔槽堵塞，影响焊接质量，所以圆孔或槽孔内的角焊缝焊脚尺寸不宜大于圆孔直径或槽孔短径的 1/3。

（7）当板件端部仅有两侧面角焊缝时，为避免应力传递的过分弯折而使构件中应力不均匀，角焊缝长度 L≥B，如图 3-15 所示。

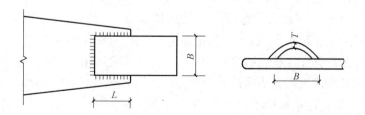

图 3-15 仅有侧面角焊缝的板件端部示意图

同时，为了避免焊缝横向收缩时引起板件的拱曲太大，规定 B≤16T（T>12mm）或 200mm（T≤12mm），T 是较薄焊件的厚度。当宽度 B 超过此规定时，应加正面角焊缝，或加槽焊或电焊钉。

（8）侧面角焊缝或正面焊缝的计算长度应符合下列规定：

1）侧面角焊缝或正面角焊缝的计算长度不得小于 $8K$ 和 40mm 中的最大值。

2）若侧面角焊缝沿长度方向受力不均，两端大而中间小，则侧面角焊缝的计算长度不宜大于 $60K$（承受静力荷载或间接承受动力荷载时）或 $40K$（承受动力荷载时）；当大于上述数值时，其超过部分在计算中不予考虑。若内力沿侧面角焊缝全长分布时，其计算长度不受此限。

3.3 螺栓连接

3.3.1 螺栓连接材料

1. 普通螺栓

普通螺栓作为永久性连接螺栓，当设计有要求或对其质量有疑义时，应进行螺栓实物最小拉力载荷复验。检查数量为每一规格螺栓随机抽查八个，其质量应符合现行国家标准《紧固件机械性能 螺栓、螺钉和螺柱》GB/T 3098.1—2010 的规定。

普通螺栓的材料用 Q235，分为 A、B 和 C 三级。A 级和 B 级螺栓采用钢材性能等级 5.6 级或 8.8 级制造，C 级螺栓则采用 4.6 级或 4.8 级制造。其中，"."前数字表示公称抗拉强度 f_u 的 1/100，"."后数字表示公称屈服点 f_y 与公称抗拉强度 f_u 之比（屈强比）的 10 倍。如 4.8 级表示 f_u 不小于 400N/mm^2，而最低值 0.8×400N/mm^2＝320N/mm^2。

A 级和 B 级螺栓尺寸准确，精度较高，受剪性能良好，但是其制造和安装过于费工，并且高强度螺栓可代替其用于受剪连接，所以目前已很少采用。C 级螺栓一般用圆钢冷镦压制而成。表面不加工，尺寸不准确，只需配用孔的精度和孔壁表面粗糙度不太高的 II 类孔。C 级螺栓在沿其杆轴方向的受拉性能较好，可用于受拉螺栓连接对于受剪连接，适宜于承受静力荷载或间接承受动力荷载结构中的次要连接，临时固定构件用的安装连接，以及不承受动力荷载的可拆卸结构的连接等。

2. 高强度螺栓

高强度螺栓是用优质碳素钢或低合金钢材料制成的一种特殊螺栓。由于螺栓的强度高，故称高强度螺栓。

目前我国常用的高强度螺栓性能等级，按热处理后的强度分为 10.9 级和 8.8 级两种。其中，整数部分（10 和 8）表示螺栓成品的抗拉强度 f_u 不低于 1000N/mm^2 和 800N/mm^2；小数部分（0.9 和 0.8）则表示其屈强比 f_y/f_u 为 0.9 和 0.8。

建筑上常用的高强度螺栓按构造形式，分为高强度大六角头螺栓、扭剪型高强度螺栓两种。钢结构用高强度大六角头螺栓一个连接副由一个螺栓、一个螺母、两个垫圈组成，其形式如图 3-16 所示，分 8.8S 和 10.9S 两个等级。

钢结构用扭剪型高强度螺栓一个连接副由一个螺栓、一个螺母、一个垫圈组成，其形式如图 3-17 所示。我国目前常用的扭剪型高强度螺栓等级为 10.9S。

3.3.2 普通螺栓连接

钢结构普通螺栓连接就是将螺栓、螺母、垫圈机械地和连接件连接在一起形成的一种

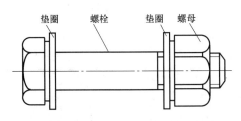
图 3-16 高强度大六角头螺栓连接副

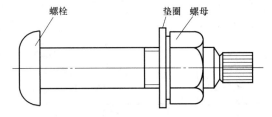
图 3-17 扭剪型高强度螺栓连接副

连接形式。

从连接工作机理看,荷载是通过螺栓杆受剪、连接板孔壁承压来传递的,接头受力后会产生较大的滑移变形,因此一般受力较大结构或承受动荷载的结构,应采用精制螺栓,以减少接头变形量。由于精制螺栓加工费用较高、施工难度大,工程上极少采用,已逐渐为高强度螺栓所取代。

1. 螺栓的排列与间距

螺栓的排列应遵循简单紧凑、整齐划一和便于安装紧固的原则,通常采用并列和错列两种形式,如图 3-18 所示。并列简单,但栓孔削弱截面较大;错列可减少截面削弱,但排列较繁。

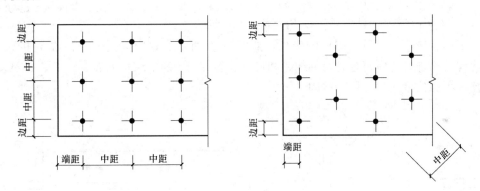
图 3-18 螺栓排列形式

不论采用哪种排列,螺栓的中距、端距及边距应满足表 3-17 的要求。

螺栓中距、端距及边距　　　　　　　　　　　　　　表 3-17

序号	项目	内 容 要 求
1	受力要求	螺栓任意方向的中距以及边距和端距均不应过小,以免构件在承受拉力作用时,加剧孔壁周围的应力集中和防止钢板过度削弱而承载力过低,造成沿孔与孔或孔与边间拉断或剪断。当构件承受压力作用时,顺压力方向的中距不应过大,否则螺栓间钢板可能失稳形成鼓曲
2	构造要求	螺栓的中距不应过大,否则钢板不能紧密贴合。外排螺栓的中距以及边距和端距更不应过大,以防止潮气侵入引起锈蚀
3	施工要求	螺栓间应有足够距离以便于转动扳手,拧紧螺母

螺栓的布置应使各螺栓受力合理,同时要求各螺栓尽可能远离形心和中性轴,以便充分和均衡地利用各个螺栓的承载能力。螺栓间的间距确定,既要考虑螺栓连接的强度与变形等要求,又要考虑便于装拆的操作要求,各螺栓间及螺栓中心线与机件之间应留有扳手

操作空间。螺栓最大、最小容许距离见表 3-18。排列螺栓时宜按最小容许距离选取，且应取 5mm 的倍数，按等距离布置以缩小连接尺寸。

螺栓的最大、最小容许距离　　　　　　　　　　　　　　　　表 3-18

名称	位置和方向			最大容许距离 （取两者的较小值）	最小容许距离
中心间距	外排（垂直内力方向或顺内力方向）			$8d_0$ 或 $12t$	$3d_0$
	中间排	垂直内力方向		$16d_0$ 或 $24t$	
		顺内力方向	构件受压力	$12d_0$ 或 $18t$	
			构件受拉力	$16d_0$ 或 $24t$	
	沿对角线方向			—	
中心至构件边缘距离	顺内力方向			$4d_0$ 或 $8t$	$2d_0$
	垂直内力方向	剪切边或手工气割边			$1.5d_0$
		轧制边、自动精密气割或锯割边	高强度螺栓		$1.2d_0$
			其他螺栓		

注：1. d_0 为螺栓孔直径，t 为外层较薄板件的厚度。
　　2. 钢板边缘与刚性构件（如角钢、槽钢等）相连的螺栓的最大间距，可按中间排的数值采用。
　　3. 螺栓孔不得采用气割扩张。对于精制螺栓（A、B 级螺栓），螺栓孔必须钻孔成型。同时必须是 I 类孔，应具有 H_{12} 的精度，孔壁表面粗糙度 R_a 不应大于 $12.5\mu m$。

工字钢、槽钢、角钢上螺栓的排列，如图 3-19 所示。除应满足表 3-18 规定的最大、最小容许距离外，还应符合各自的线距和最大孔径 d_{0max} 的要求，见表 3-19～表 3-21，以使螺栓大小和位置适当并便于拧固。

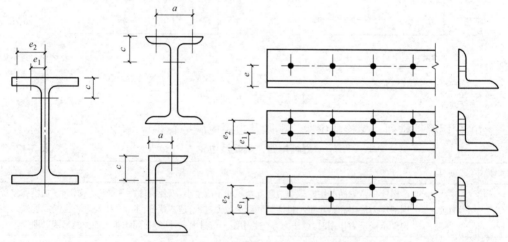

图 3-19　工字钢、槽钢、角钢上螺栓的排列

工字钢翼缘和腹板上螺栓的最小容许线距和最大孔径（mm）　　　　表 3-19

型号	12.6	14	16	18	20	22	25	28	32	36	40	45	50	56	63
a	40	45	50	50	55	60	65	70	75	80	80	85	90	90	95
c	40	45	45	45	50	50	55	60	60	65	70	75	75	75	75
d_{0max}	11.5	13.5	15.5	17.5	17.5	20	20	20	22	24	24	26	26	26	26

槽钢翼缘和腹板上螺栓的最小容许线距和最大孔径（mm）　　　表 3-20

型号	12.6	14	16	18	20	22	25	28	32	36	40
a	30	35	35	40	40	45	45	45	50	55	60
c	40	45	50	50	55	55	55	60	65	70	75
d_{0max}	17.5	17.5	20	22	22	22	22	24	24	26	26

角钢上螺栓的最小容许线距和最大孔径（mm）　　　表 3-21

肢宽		40	45	50	56	63	70	75	80	90	100	110	125	140	160	180	200
单行	e	25	25	30	30	35	40	40	45	50	55	60	70				
	d_{0max}	11.5	13.5	13.5	15.5	17.5	20	22	22	24	24	26	26				
双行错列	e_1												55	60	70	70	80
	e_2												90	100	120	140	160
	d_{0max}												24	24	26	26	26
双行并列	e_1														60	70	80
	e_2														130	140	160
	d_{0max}														24	24	26

2. 螺栓紧固

（1）紧固轴力。为了使螺栓受力均匀，应尽可能减少连接件变形对紧固轴力的影响，保证节点连接螺栓的质量。螺栓紧固必须从中心开始，对称施拧；对 30 号正火钢制作的各种直径的螺栓旋拧时，所承受的轴向允许荷载见表 3-22。

各种直径螺栓的允许荷载　　　表 3-22

螺栓的公称直径(mm)	轴向允许轴力		扳手最大允许扭矩	
	无预先锁紧(N)	螺栓在荷载下锁紧(N)	kg/cm^2	N/cm^2
12	17200	1320	320	3138
16	3300	2500	800	7845
20	5200	4000	1600	1569
24	7500	5800	2800	27459
30	11900	9200	5500	53937
36	17500	13500	9700	95125

注：对于 Q235 及 45 号钢应将表中允许值分别乘以修正系数 0.75 及 1.1。

（2）成组螺母的拧紧。拧紧成组的螺母时，必须按照一定的顺序进行，并做到分次序逐步拧紧（一般分 3 次拧紧）；否则，会使零件或螺杆产生松紧不一致，甚至变形。

在拧紧长方形布置的成组螺母时，必须从中间开始，逐渐向两边对称扩展，如图 3-20（a）所示；在拧紧方形或圆形布置的成组螺母时，必须对称进行，如图 3-20（b）、（c）所示。

3.3.3　高强度螺栓连接

1. 螺栓的排列

螺栓的排列应遵循简单紧凑、整齐划一和便于安装紧固的原则，通常采用并列和错列

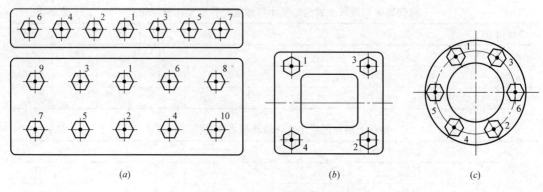

图 3-20　拧紧成组螺母的方法

(*a*) 长方形布置；(*b*) 方形布置；(*c*) 圆形布置

两种形式，如图 3-21 所示，并列简单，但栓孔削弱截面较大；错列可减少截面削弱，但排列较繁。

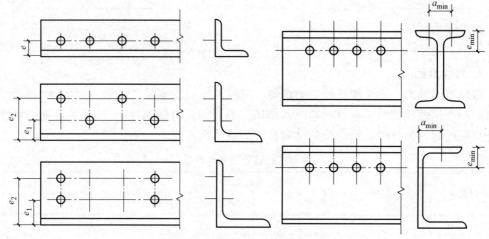

图 3-21　型钢上螺栓排列

a_{min}—翼缘上螺栓最小容许线距；e_{min}—腹板上螺栓最小容许线距；

e、e_1 或 e_2—角钢上螺栓最小容许线距

　　不论采用哪种排列，螺栓的中距（螺栓中心间距）、端距（顺内力方向螺栓中心至构件边缘距离）和边距（垂直内力方向螺栓中心至构件边缘距离）应满足下列要求：

　　(1) 受力要求　螺栓任意方向的中距以及边距和端距均不应过小，以免受力时加剧孔壁周围的应力集中和防止钢板过度削弱而承载力过低，造成沿孔与孔或孔与边间拉断或剪断。当构件承受压力作用时，顺压力方向的中距不应过大；否则，螺栓间钢板可能失稳，形成鼓曲。

　　(2) 构造要求　螺栓的中距不应过大，否则钢板不能紧密贴合。对外排螺栓的中距以及边距和端距更不应过大，以防止潮气侵入而引起锈蚀。

　　(3) 施工要求　螺栓间应有足够距离以便于转动扳手，拧紧螺母。

2. 高强度螺栓连接副施工

　　(1) 高强度螺栓连接副施拧前必须对选材、螺栓实物最小载荷、预拉力、扭矩系数等

项目进行检验。检验结果应符合国家标准后方可使用。高强度螺栓连接副的制作单位必须按批配套供货，并有相应的成品质量保证书。

（2）高强度螺栓连接副储运应轻装、轻卸、防止损伤螺纹；存放、保管必须按规定进行，防止生锈和沾染污物。所选用材质必须经过检验，符合有关标准。制作厂必须有质量保证书，严格制作工艺流程，用超探或磁粉探伤检查连接副有无发丝裂纹情况，合格后方可出厂。

（3）施拧前进行严格检查，严禁使用螺纹损伤的连接副，对生锈和沾染污物要进行除锈及去除污物。

（4）根据设计有关规定及工程的重要性，运到现场的连接副必要时要逐个或批量按比例进行磁粉和着色探伤检查。凡裂纹超过允许规定的，严禁使用。

（5）螺栓螺纹外露长度应为 2～3 个螺距，其中允许有 10% 的螺栓螺纹外露一个螺距或四个螺距。

（6）大六角头高强度螺栓，如图 3-22（a）所示。在施工前，应按出厂批复验高强度螺栓连接副的扭矩系数，每批复检八套，八套扭矩系数的平均值应在 0.110～0.150 范围之内，其标准偏差小于或等于 0.010。

（7）扭剪型高强度螺栓，如图 3-22（b）所示。在施工前，应按出厂批复验高强度螺栓连接副的紧固轴力，每批复检八套，八套紧固预拉力的平均值和标准偏差应符合规定。

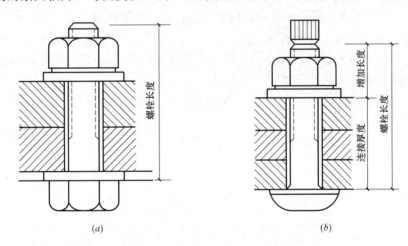

（a）   （b）

图 3-22　高强度螺栓构造
（a）大六角头高强度螺栓；（b）扭剪型高强度螺栓

（8）复检不符合规定者，由制作厂家、设计、监理单位协商解决或作为废品处理。为防止假冒伪劣产品，无正式质量保证书的高强度螺栓连接副严禁使用。

3. 螺栓紧固方法

（1）扭矩法　扭矩法是根据施加在螺母上的紧固扭矩与导入螺栓中的预拉力之间有一定关系的原理，以控制扭矩来控制预拉力的方法。

高强度大六角头螺栓连接副施拧可采用扭矩法或转角法，施工时应符合下列规定：

1）施工用的扭矩扳手使用前应进行校正，其扭矩相对误差不得大于 ±5%；校正用的扭矩扳手，其扭矩相对误差不得大于 ±3%。

2）施拧时，应在螺母上施加扭矩。

3）施拧应分为初拧和终拧，大型节点应在初拧和终拧间增加复拧。初拧扭矩可取施工终拧扭矩的 50%，复拧扭矩应等于初拧扭矩。

4）采用转角法施工时，初拧（复拧）后连接副的终拧转角度应符合表 3-23 的要求。

初拧（复拧）后连接副的终拧转角度　　　　　　　　表 3-23

螺栓长度 l	螺 母 转 角	连 接 状 态
$l \leqslant 4d$	1/3 圈（120°）	
$4d < l \leqslant 8d$ 或 200mm 及以下	1/2 圈（180°）	连接形式为一层芯板加两层盖板
$8d < l \leqslant 12d$ 或 200mm 及以上	2/3 圈（240°）	

注：1. d 为螺栓公称直径。

　　2. 螺母的转角为螺母与螺栓杆间的相对转角。

　　3. 当螺栓长度 l 超过螺栓公称直径 d 的 12 倍时，螺母的终拧角度应由试验确定。

5）初拧或复拧后应对螺母涂画颜色标记。

（2）转角法　因扭矩系数的离散性，尤其是螺栓制造质量或施工管理不善、扭矩系数超过标准值，采用扭矩法施工会出现较大误差，此时可采用转角法施工。此法是用控制螺栓应变，即控制螺母的转角来获得规定的预拉力，因不需专用扳手，故简单、有效。转角是从初拧做出的标记线开始，再用长扳手（或电动、风动扳手）终拧 1/3～2/3 圈（120°～240°）。终拧角度与板叠厚度和螺栓直径等有关，可预先测定。

高强度螺栓转角法施工分初拧和终拧两步进行，初拧的目的是为消除板缝影响，给终拧创造一个大体一致的基础，初拧扭矩一般为终拧扭矩的 50% 为宜，原则是以板缝密贴为准。转角法施工的工艺顺序如下：

1）初拧：按规定的初拧扭矩值，从节点或栓群中心顺序向外拧紧螺栓，并采用小锤敲击法检查，防止漏拧。

2）画线：初拧后对螺栓逐个进行画线，如图 3-23 所示。

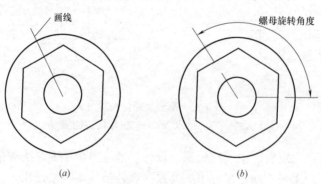

图 3-23　转角法施工

（a）画线；（b）螺母旋转角度

3）终拧：用扳手使螺母再旋转一个额定角度并画线。

4）检查：检查终拧角度是否达到规定的角度。

5）标记：对已终拧的螺栓用色笔做出明显的标记，以防漏拧或重拧。

螺母的旋转角度应在施工前复验，复验应在国家认可的有资质的检测单位进行。试验所用的轴力计、扳手及量角器等仪器应经过计量认证。

(3) 电动扳手施拧　扭剪型高强度螺栓连接副应采用专用电动扳手施拧,施工时应符合下列规定:

1) 施拧应分为初拧和终拧,大型节点宜在初拧和终拧间增加复拧。

2) 初拧扭矩值应取 T_c 计算值的 50%,其中是应取 0.13,也可按表 3-24 选用;复拧扭矩应等于初拧扭矩。

扭剪型高强度螺栓初拧 (复拧) 扭矩值 (N·m) 表 3-24

螺栓公称直径/mm	M16	M20	M22	M24	M27	M30
初拧(复拧)扭矩	115	220	300	390	560	760

3) 终拧应以拧掉螺栓尾部梅花头为准,少数不能用专用扳手进行终拧的螺栓,扭矩系数 k 应取 0.13。

4) 初拧或复拧后应对螺母涂画颜色标记。

4. 螺栓紧固顺序

初拧、复拧和终拧应按照合理的顺序进行,由于连接板的不平,随意紧固或从一端或两端开始紧固,会使接头产生附加内力,也可能造成摩擦面空鼓,影响摩擦力的传递。高强度螺栓连接副的初拧、复拧、终拧,应在 24h 内完成。紧固顺序应从接头刚度较大的部位向约束较小的方向,从栓群中心向四周顺序进行。具体为:

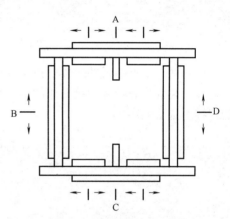

图 3-24　箱形节点施拧顺序

(1) 箱形节点按图 3-24 所示 A、B、C、D 的顺序进行。

(2) 一般节点从中心向两端,如图 3-25 所示。

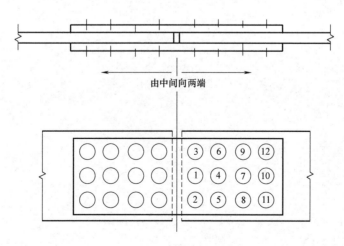

由中间向两端

图 3-25　一般节点施拧顺序

(3) 工字梁节点螺栓群按图 3-26 所示①～⑥顺序进行。

(4) H 形截面柱对接节点按先翼缘后腹板。

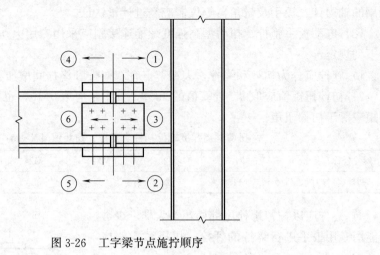

图 3-26　工字梁节点施拧顺序

（5）两个节点组成的螺栓群按主要构件节点，后次要构件节点。

（6）高强度螺栓和焊接并用的连接节点，当设计文件无特殊规定时，宜按先螺栓紧固后焊接的施工顺序。

钢结构工程施工图识图综述

4.1 建筑施工图的识图

4.1.1 建筑总平面图的识图

将拟建工程四周一定范围内的新建、拟建、原有和拆除的建筑物、构筑物连同其周围的地形地物状况，用水平投影方法和相应的图例画出的图样，称为总平面图。

1. 总平面图的用途

总平面图是一个建设项目的总体布局，表示新建房屋所在基地范围内的串面布置，具体位置，以及周围情况，总平面图通常画在具有等高线的地形图上。

总平面图的主要用途是：

(1) 工程施工的依据（如施工定位、施工放线和土方工程）；

(2) 室外管线布置的依据；

(3) 工程预算的重要依据（如土石方工程量、室外管线工程量的计算）。

2. 总平面图的基本内容

总平面图主要包括以下主要内容：

(1) 表明新建区域的地形、地貌、平面布置，包括红线位置，各建（构）筑物、道路、河流、绿化等的位置及其相互间的位置关系。

(2) 确定新建房屋的平面位置。一般根据原有建筑物或道路定位，标注定位尺寸；修建成片住宅、较大的公共建筑物、工厂或地形复杂时，用坐标确定房屋及道路转折点的位置。

(3) 表明建筑物首层地面的绝对标高，室外地坪、道路的绝对标高；说明土方填挖情况、地面坡度及雨水排除方向。

(4) 用指北针和风向频率玫瑰图来表示建筑物的朝向。

风向频率玫瑰图还表示该地区常年风向频率。它是根据某一地区多年统计的各个方向吹风次数的百分数值，按一定比例绘制。用 16 个罗盘方位表示。风向频率玫瑰图上所表示的风的吹向，是指从外面吹向地区中心的。实线图形表示常年风向频率；虚线图形表示夏季（六、七、八三个月）的风向频率。

（5）根据工程的需要，有时还有水、暖、电等管线总平面，各种管线综合布置图、竖向设计图、道路纵横剖面图以及绿化布置图等。

4.1.2　建筑平面图的识图

建筑平面图，简称平面图，实际上是一幢房屋的水平剖面图。它是假想用一水平剖面将房屋沿门窗洞口剖开，移去上部分，剖面以下部分的水平投影图就是平面图。

一般地说，多层房屋就应画出各层平面图。沿底层门窗洞口切开后得到的平面图，称为底层平面图。沿二层门窗洞口切开后得到的平面图，称为二层平面图。依次可得到三层、四层平面图。当某些楼层平面相同时，可以只画出其中一个平面图，称其为标准层平面图（或中间层平面图）。

为了表明屋面构造，一般还要画出屋顶平面图。它不是剖面图，其俯视屋顶时的水平投影图，主要表示屋面的形状及排水情况和突出屋面的构造位置。

1. 建筑平面图的用途

建筑平面图主要表示建筑物的平面形状、水平方向各部分（出入口、走廊、楼梯、房间、阳台等）的布置和组合关系，墙、柱及其他建筑物的位置和大小。其主要用途是：

（1）建筑平面图是施工放线，砌墙、柱，安装门窗框、设备的依据；

（2）建筑平面图是编制和审查工程预算的主要依据。

2. 建筑平面图的基本内容

建筑平面图包括以下主要内容：

（1）表明建筑物的平面形状，内部各房间包括走廊、楼梯、出入口的布置及朝向。

（2）表明建筑物及其各部分的平面尺寸。在建筑平面图中，必须详细标注尺寸。平面图中的尺寸分为外部尺寸和内部尺寸。外部尺寸有三道，一般沿横向、竖向分别标注在图形的下方和左方。

第一道尺寸：表示建筑物外轮廓的总体尺寸，也称为外包尺寸。它是从建筑物一端外墙边到另一端外墙边的总长和总宽尺寸。

第二道尺寸：表示轴线之间的距离，也称为轴线尺寸。它标注在各轴线之间，说明房间的开间及进深的尺寸。

第三道尺寸：表示各细部的位置和大小的尺寸，也称细部尺寸。它以轴线为基准，标注出门、窗的大小和位置；墙、柱的大小和位置。此外，台阶（或坡道）、散水等细部结构的尺寸可分别单独标出。

内部尺寸标注在图形内部。用以说明房间的净空大小；内门、窗的宽度；内墙厚度以及固定设备的大小和位置。

（3）表明地面及各层楼面标高。

（4）表明各种门、窗位置，代号和编号，以及门的开启方向。门的代号用 M 表示，窗的代号用 C 表示，编号数用阿拉伯数字表示。

（5）表示剖面图剖切符号、详图索引符号的位置及编号。

（6）综合反映其他各工种（工艺、水、暖、电）对土建的要求；各工程要求的坑、台、水池、地沟、电闸箱、消火栓、雨水管等及其在墙或楼板上的预留洞,应在图中表明其位置及尺寸。

(7) 表明室内装修做法:包括室内地面、墙面及顶棚等处的材料及做法。一般简单的装修,在平面图内直接用文字说明;较复杂的工程则另列房间明细表和材料做法表,或另画建筑装修图。

(8) 文字说明:平面图中不易表明的内容,如施工要求、砖及灰浆的强度等级等需用文字说明。

以上所列内容,可根据具体项目的实际情况取舍。

4.1.3 建筑立面图的识图

1. 建筑立面图的形成及名称

建筑立面图,简称立面图,就是对房屋的前后左右各个方向所的正投影图。立面图的命名方法有:

(1) 按房屋朝向,如南立面图、北立面图、东立面图、西立面图;

(2) 按轴线的编号,如图①—30立面图、Ⓐ—Ⓠ立面图;

(3) 按房屋的外貌特征命名,如正立面图、背立面图等。

对于简单的对称式房屋,立面图可只绘一半,但应画出对称轴线和对称符号。

2. 建筑立面图的用途

立面图是表示建筑物的体型、外貌和室外装修要求的图样。主要用于外墙的装修施工和编制工程预算。

3. 建筑立面图的主要图示内容

建筑立面图图示包括以下主要内容:

(1) 图名、比例。立面图的比例常与平面图一致。

(2) 标注建筑物两端的定位轴线及其编号。在立面图中,一般只画出两端的定位轴线及其编号,以便与平面图对照。

(3) 画出室内外地面线,房屋的勒脚,外部装饰及墙面分格线。表示出屋顶、雨篷、阳台、台阶、雨水管、水斗等细部结构的形状和做法。为了使立面图外形清晰,通常把房屋立面的最外轮廓线画成粗实线,室外地面用特粗线表示,门窗洞口、檐口、阳台、雨篷、台阶等用中实线表示;其余的,如墙面分隔线、门窗格子、雨水管以及引出线等均用细实线表示。

(4) 表示门窗在外立面的分布、外形、开启方向。在立面图上,门窗应按标准规定的图例画出。门、窗立面图中的斜细线,是开启方向符号。细实线表示向外开,细虚线表示向内开。一般无须把所有的窗都画上开启符号。凡是窗的型号相同的,只画出其中一两个即可。

(5) 标注各部位的标高及必须标注的局部尺寸。在立面图上,高度尺寸主要用标高表示。一般要注出室内外地坪,一层楼地面,窗台、窗顶、阳台面、檐口、女儿墙压顶面、进口平台面及雨篷底面等的标高。

(6) 标注出详图索引符号。

(7) 文字说明外墙装修做法。根据设计要求,外墙面可选用不同的材料及做法。在立面图上，一般用文字说明。

4.1.4　建筑剖面图的识图

1. 建筑剖面图的形成和用途

建筑剖面图简称剖面图，一般是指建筑物的垂直剖面图，且多为横向剖切形式。剖面图的用途主要有：

（1）主要表示建筑物内部垂直方向的结构形式、分层情况，内部构造及各部位的高度等，用于指导施工；

（2）编制工程预算时，与平、立面图配合计算墙体、内部装修等的工程量。

2. 建筑剖面图的主要内容

（1）图名、比例及定位轴线。剖面图的图名与底层平面图所标注的剖切位置符号的编号一致。

在剖面图中，应标出被剖切的各承重墙的定位轴线及与平面图一致的轴线编号。

（2）表示出室内底层地面到屋顶的结构形式、分层情况。在剖面图中，断面的表示方法与平面图相同。断面轮廓线用粗实线表示，钢筋混凝土构件的断面可涂黑表示。其他没被剖切到的可见轮廓线用中实线表示。

（3）标注各部分结构的标高和高度方向尺寸。剖面图中应标注出室内外地面、各层楼面、楼梯平台、檐口、女儿墙顶面等处的标高。其他结构则应标注高度尺寸。高度尺寸分为三道：

第一道是总高尺寸，标注在最外边；

第二道是层高尺寸，主要表示各层的高度；

第三道是细部尺寸，表示门窗洞、阳台、勒脚等的高度。

（4）文字说明某些用料及楼、地面的做法等。需画详图的部位，还应标注出详图索引符号。

4.1.5　建筑详图的识图

建筑详图是把房屋的某些细部构造及构配件用较大的比例（如1：20，1：10，1：5等）将其形状、大小、材料和做法详细表达出来的图样，简称详图或大样图、节点图。常用的详图一般有：墙身详图、楼梯详图、门窗详图、厨房、卫生间、浴室、壁橱及装修详图（吊顶、墙裙、贴面）等。

1. 建筑详图的分类及特点

建筑详图分为局部构造详图和构配件详图。局部构造详图主要表示房屋某一局部构造做法和材料的组成，如墙身详图、楼梯详图等。构配件详图主要表示构配件本身的构造，如门、窗、花格等详图。

建筑详图具有以下特点：

（1）图形详：图形采用较大比例绘制，各部分结构应表达详细、层次清楚，但又要详而不繁。

（2）数据详：各结构的尺寸要标注完整齐全。

（3）文字详：无法用图形表达的内容采用文字说明，要详尽、清楚。

详图的表达方法和数量，可根据房屋构造的复杂程度而定。有的只用一个剖面详图就能表达清楚（如墙身详图），有的需加平面详图（如楼梯间、卫生间）或用立面详图（如门窗详图）。

2. 外墙身详图识图

外墙身详图实际上是建筑剖面图的局部放大图。它主要表示房屋的屋顶、檐口、楼层、地面、窗台、门窗顶、勒脚、散水等处的构造；楼板与墙的连接关系。

（1）外墙身详图包括以下主要内容：

1）标注墙身轴线编号和详图符号。

2）采用分层文字说明的方法表示屋面、楼面、地面的构造。

3）表示各层梁、楼板的位置及与墙身的关系。

4）表示檐口部分如女儿墙的构造、防水及排水构造。

5）表示窗台、窗过梁（或圈梁）的构造情况。

6）表示勒脚部分如房屋外墙的防潮、防水和排水的做法。外墙身的防潮层，一般在室内底层地面下 60mm 左右处。外墙面下部有厚 30mm 的 1∶3 水泥砂浆，层面为褐色水刷石的勒脚。墙根处有坡度 5％的散水。

7）标注各部位的标高及高度方向和墙身细部的大小尺寸。

8）文字说明各装饰内、外表面的厚度及所用的材料。

（2）外墙身详图阅读时应注意以下问题：

1）±0.000 或防潮层以下的砖墙以结构基础图为施工依据，看墙身剖面图时，必须与基础图配合，并注意±0.000 处的搭接关系及防潮层的做法。

2）屋面、地面、散水、勒脚等的做法、尺寸应和材料做法对照。

3）要注意建筑标高和结构标高的关系。建筑标高一般是指地面或楼面装修完成后上表面的标高，结构标高主要指结构构件的下皮或上皮标高。在预制楼板结构楼层剖面图中，一般只注明楼板的下皮标高；在建筑墙身剖面图中，只注明建筑标高。

3. 楼梯详图识图

楼梯是房屋中比较复杂的构造，目前多采用预制或现浇钢筋混凝土结构。楼梯由楼梯段、休息平台和栏板（或栏杆）等组成。

楼梯详图一般包括平面图、剖面图及踏步栏杆详图等。它们表示出楼梯的形式以及踏步、平台、栏杆的构造、尺寸、材料和做法。楼梯详图分为建筑详图与结构详图，并分别绘制。对于比较简单的楼梯，建筑详图和结构详图可以合并绘制，编入建筑施工图和结构施工图。

（1）楼梯平面图。一般每一层楼都要画一张楼梯平面图。三层以上的房屋，若中间各层的楼梯位置及其梯段数，踏步数和大小相同时，通常只画底层、中间层和顶层三个平面图。

楼梯平面图实际是各层楼梯的水平剖面图，水平剖切位置应在每层上行第一梯段及门窗洞口的任一位置处。各层（除顶层外）被剖到的梯段，按国标规定，均在平面图中以一根 45°折断线表示。

在各层楼梯平面图中应标注该楼梯间的轴线及编号，以确定其在建筑平面图中的位置。底层楼梯平面图还应注明楼梯剖面图的剖切符号。

平面图中，要注出楼梯间的开间和进深尺寸、楼地面和平台面的标高及各细部的详细尺寸。通常，把梯段长度尺寸与踏面数、踏面宽的尺寸合写在一起。

（2）楼梯剖面图。假想用一铅垂平面通过各层的一个梯段和门窗洞将楼梯剖开，向另一未剖到的梯段方向投影，所得到的剖面图，即为楼梯剖面图。

楼梯剖面图表达出房屋的层数、楼梯梯段数、步级数以及楼梯形式，楼地面、平台的构造及与墙身的连接等。

若楼梯间的屋面没有特殊之处，一般可不画。

楼梯剖面图中，还应标注地面、平台面、楼面等处的标高和梯段、楼层、门窗洞口的高度尺寸。楼梯高度尺寸注法与平面图梯段长度注法相同。如 $10×150＝1500$，10 为步级数，表示该梯段为 10 级，150 为踏步高度。

楼梯剖面图中也应标注承重结构的定位轴线及编号。对需画详图的部位注出详图索引符号。

（3）节点详图。楼梯节点详图主要表示栏杆、扶手和踏步的细部构造。

结构施工图是表示建筑物的承重构件（如基础、承重墙、梁、板、柱等）的布置、形状大小、内部构造和材料做法等的图纸。

4.2　结构施工图的识图

4.2.1　基础结构图识图

基础是在建筑物地面以下承受房屋全部荷载的构件。基础的形式一般取决于上部承重结构的形式和地基等情况。常用的形式有条形基础和单独基础。基础底下天然的或经过加固的土称为地基。基坑是为基础施工而在地面开挖的土坑。坑底就是基础的底面，基坑边线就是放线的灰线。埋入地下的墙称为基础墙。基础墙与垫层之间做成阶梯形的砌体，称为大放脚。防潮层是为防止地下水对墙体侵蚀的一层防潮材料。

基础图是表示房屋地面以下基础部分的平面布置和详细构造的图样。它是施工时在基地上放灰线、开挖基坑和砌筑基础的依据。基础图通常包括基础平面图和基础详图。

1. 基础平面图

基础平面图是假想用一个水平剖切面沿房屋的地面与基础之间把整幢房屋剖开后，移去地面以上的房屋及基础周围的泥土所作出的基础水平全剖图。

（1）图示内容和要求　在基础平面图中，只画出基础墙（或柱）及其基础底面的轮廓线，至于基础的细部轮廓线都可省略不画。这些细部的形状，将具体反映在基础详图中。基础墙（或柱）的外形线是剖到的轮廓线，应画成粗实线。由于基础平面图常采用 1∶100 的比例绘制，故材料图例的表示方法与建筑平面图相同，即剖到的基础墙可不画材料图例，钢筋混凝土柱涂成黑色的。条形基础和独立基础的底面外形线是可见轮廓线，则画成中实线。

（2）尺寸标注　基础平面图中必须注明基础的定形尺寸和定位尺寸。基础的定形尺寸即基础墙宽用文字加以说明和用基础代号 J_1、J_2 等形式标注。基础代号注写在基础剖切线的一侧，以便在相应的基础详图中查到基础底面的宽度。基础的定位尺寸也就是基础墙、柱的轴线尺寸，这里的定位轴线及其编号必须与建筑平面图相一致。

（3）阅读方法

1）看图名。

2）看纵横定位轴线编号。

3）看基础平面图中剖切线及其编号或注写的基础代号。

4）看基础墙、柱以及基础底面的形状、大小尺寸及其与轴线的关系。

5）看施工说明。

现以图4-1为例说明墙下混凝土条形基础布置平面图的读图方法和步骤。

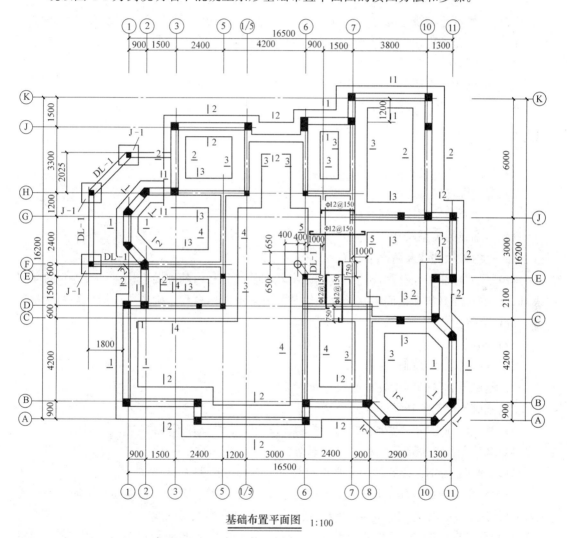

基础布置平面图 1:100

图4-1 墙下混凝土条形基础布置平面图

（1）图中涂黑的矩形或块状部分表示被剖切到的建筑物构造柱。

（2）图中出现的符号、代号。如DL-1，DL表示地梁，"1"为编号，图中有许多个"DL-1"，表明它们的内部构造相同。类似的如"J-1"，表示编号为1的由地梁连接的柱下条形基础。

（3）图中基础各个部位的定位尺寸（一般均以定位轴线为基准确定构件的平面位置）和定形尺寸。如标注 1—1 剖面，所在定位轴线到该基础的外侧边线距离为 665mm，到该基础的内侧线的距离为 535mm；标注 4—4 剖面，墙体轴线居中，基础两边线到定位轴线距离均为 1000mm；标注 5—5 剖面，本为两基础的外轮廓线重合交叉，该图所示是将两基础做成一个整体，并用间距为 150mm 的 $\phi12$ 钢筋拉接。

（4）图中标注的"1—1"、"2—2"等为剖切符号，不同的编号代表断面形状、细部尺寸不尽相同的不同种基础。在剖切符号中，剖切位置线注写编号数字或字母的一侧表示剖视方向。

（5）⑥号定位轴线与Ⓕ号定位轴线交叉处附近的圆圈未被涂黑，可以看出它非构造柱，结合其他图纸可知它是建筑物内的一个装饰柱。

2. 基础详图

基础平面图只表明了基础的平面布置，而基础各部分的断面形状、大小、材料、构造（如垫层、防潮层等）及细部尺寸和埋置深度等均未表达出来，这就需要画出各部分的基础详图。其一般都采用垂直断面图表达。

（1）图示内容

1）基础断面的轮廓线和配筋情况。

2）基础埋置深度。

3）砖墙断面轮廓线和做法。

4）与轴线的关系尺寸。

5）室内外地坪线及防潮层位置。

（2）尺寸标注　在基础详图中应标注出基础各部分（如基础墙、柱、垫层等）的详细尺寸、钢筋尺寸（包括钢筋搭接长度）以及室内外地面标高和基础垫层底面（基础埋置深度）的标高等。

（3）阅读方法

1）看图名（或基础代号）、比例。

2）基础梁和基础圈梁的截面尺寸及配筋。

3）基础圈梁与构造柱的连接做法。

4）基础断面形状、大小、材料、配筋以及定位轴线及其编号。

5）基础断面的细部尺寸和室内外地面、基础垫层底面的标高等。

现以图 4-2 为例，说明墙下条形基础详图的读图方法和步骤。

（1）图中的基础为墙下钢筋混凝土柔性条形基础，为了突出表示配筋，钢筋用粗线表示，墙体线、基础轮廓线、定位轴线、尺寸线和引出线等均为细线。

（2）此基础详图给出"1—1、2—2、3—3、4—4"四种断面基础详图，其基础底面宽度分别为 1200mm、1400mm、1800mm、2000mm；5—5 断面详图为特殊情况，两基础之间整体浇筑。为保护基础的钢筋，同时也为施工时铺设钢筋弹线方便，基础下面设置 C10 素混凝土垫层 100mm 厚，每侧超出基础底面各 100mm。

（3）基础埋置深度。基础底面即垫层顶面标高为 −1.500m，埋深应以室外地坪计算，在基础开挖时必须要挖到这个深度。

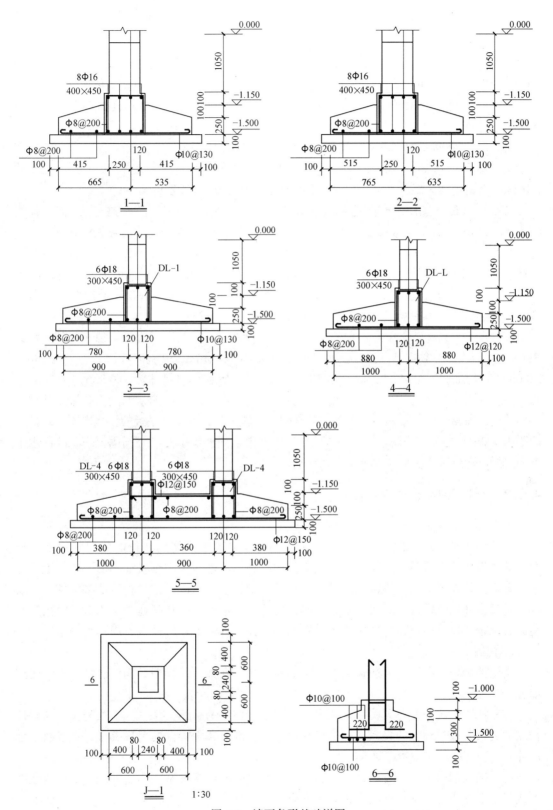

图 4-2 墙下条形基础详图

（4）从 1—1 断面基础详图中，可以看到沿基础纵向排列着间距为 200mm、直径为 $\phi 8$ 的 HPB300 级通长钢筋，间距为 130mm、直径为 $\phi 10$ 的 HPB300 级排列钢筋。该基础的地梁内，沿基础延长方向排列着 8 根直径为 $\phi 16$ 的通长钢筋，间距为 200mm、直径为 $\phi 8$ 的 HPB300 级箍筋。还可以看出，基础梁的截面尺寸 400mm×450mm，基础墙体厚 370mm。

（5）2—2 断面基础详图除基础底宽与 1—1 断面基础详图不同外，其内部钢筋种类和布置大致相同。

（6）3—3 断面图中，基础墙体厚为 240mm，基础大放脚宽底宽为 1800mm，"DL-1"所示的截面尺寸为 300mm×450mm，沿基础延长方向排列着 6 根通长的直径为 $\phi 18$ 的 HPB300 级钢筋和间距为 200mm、直径为 $\phi 8$ 的 HPB300 级箍筋。

（7）4—4 断面图所示的除基础大放脚底宽 2000mm，沿基础延长方向大放脚布置的间距为 120mm、直径为 $\phi 12$ 的 HPB300 级排筋，其他与 3—3 断面图内容大体相同。

（8）5—5 断面图所示基础大放脚内布置着间距为 150mm、直径为 $\phi 2$ 的 HPB300 级排筋，两基础定位轴线间距为 900mm；两基础之间的部分沿基础延伸方向布置着间距为 150mm、直径为 $\phi 12$ 的 HPB300 级排箍和间距为 200mm、直径为 $\phi 8$ 的 HPB300 级通长钢筋，排筋分别伸入到两基础地梁内，使两基础形成一个整体。

（9）图 J-1 所示的是独立基础的平面图，绘图比例为 1:30，旁边是该独立基础的断面图 6-6。可以看出，独立基础的柱截面尺寸为 240mm×240mm，基础底面尺寸为 1200mm×1200mm，垫层每边边线超出基础底部边线 100mm，垫层平面尺寸为 1400mm×1400mm。独立基础的断面图表达出独基的正面内部构造，基底有 100mm 厚的素混凝土垫层，基础顶面即垫层标高为 −1.500mm；该独基的内部钢筋配置情况，沿基础底板的纵横方向分别摆放间距为 100mm 的 $\phi 10$ 钢筋，独立柱内的竖向钢筋因锚固长度不能满足锚固要求，故沿水平方向弯折，弯折后的水平锚固长度为 220mm。

4.2.2 楼层结构平面图识图

1. 形成与用途

楼层结构平面布置图，是假想沿楼板顶面将房屋水平剖切后所作的楼层的水平投影图。被楼板挡住而看不见的梁、柱、墙面用虚线画出，楼板块用细实线画出。楼层上各种梁、板构件，在图上都用构件代号及其构件的数量、规格加以标记。查看这些构件代号及其数量规格和定位轴线，就可了解各种构件的位置和数量。楼梯间在图上用打了对角交叉线的方格表示，其结构布置另用详图。在结构平面布置图上，构件也可用单线表示。

2. 内容

楼层结构平面布置图一般包括结构平面布置图、局部剖面详图、构件统计表和说明四部分。

（1）楼层结构平面布置图　主要表示楼层各种构件的平面关系。如轴线间尺寸与构件长宽的关系、墙与构件的关系、构件搭在墙上的长度，各种构件的名称编号、布置及定位尺寸。

（2）局部剖面详图　表示梁、板、墙、圈梁之间的连接关系和构造处理。如板搭在墙上或者梁上的长度，施工方法，板缝加筋要求等。

（3）构件统计表　列出所有构件序号、构件编号、构造尺寸、数量及所采用通用图集代号等。

（4）说明　对施工材料、方法等提出要求。

3. 阅读方法

（1）看图名、比例。

（2）看轴线、预制板的平面布置及其编号。

（3）看梁的位置及其编号。

（4）看现浇钢筋混凝土板的位置和代号。

（5）看现浇楼板配筋图。

4.2.3　屋顶结构平面图识图

屋顶结构平面图是表示屋顶承重构件布置的平面图，它的图示内容与楼层结构平面图基本相同，对于平屋顶，其不同之处仅在于：

（1）平屋顶的楼梯间，满铺屋面板。

（2）带挑檐的平屋顶有檐板。

（3）平屋顶有检查孔和水箱间。

（4）楼层中的厕所小间用现浇钢筋混凝土板，而屋顶则可用通长的空心板。

（5）平屋顶上有烟囱、通风道的留孔。

4.2.4　钢筋混凝土构件结构详图识图

结构平面图只是表示房屋各楼层的承重构件的平面布置，而各构件的真实形状、大小、内部结构及构造并未表达出来。为此，还需画结构详图。

钢筋混凝土构件是指用钢筋混凝土制成的梁、板、桩、屋架等构件。按施工方法不同可分为现浇钢筋混凝土构件和预制钢筋混凝土构件两种。钢筋混凝土构件详图一般包括模板图、配筋图、预埋件详图及配筋表。配筋图又分为立面图、断面图和钢筋详图。主要用来表示构件内部钢筋的级别、尺寸、数量和配置。它是钢筋下料以及绑扎钢筋骨架的施工依据。模板图主要用来表示构件外形尺寸以及预埋件、预留孔的大小及位置，它是模板制作和安装的依据。

钢筋混凝土构件结构详图主要包括以下主要内容：

（1）构件详图的图名及比例。

（2）详图的定位轴线及编号。

（3）阅读结构详图、亦称配筋图。配筋图表明结构内部的配筋情况，一般由立面图和断面图组成。梁、柱的结构详图由立面图和断面图组成，板的结构图一般只画平面图或断面图。

（4）模板图，是表示构件的外形或预埋件位置的详图。

（5）构件构造尺寸、钢筋表。

现以图4-3为例说明钢筋混凝土梁配筋图的读图方法和步骤。

（1）从图中的结构平面布置图可以看出，L-7两端分别搁置在L-8和外墙的构造柱上，由断面图可以看出其断面为十字形，称为花篮梁。梁的跨度为6000mm，梁长为5755mm。从断面图可知，梁宽为250mm，梁高为550mm。

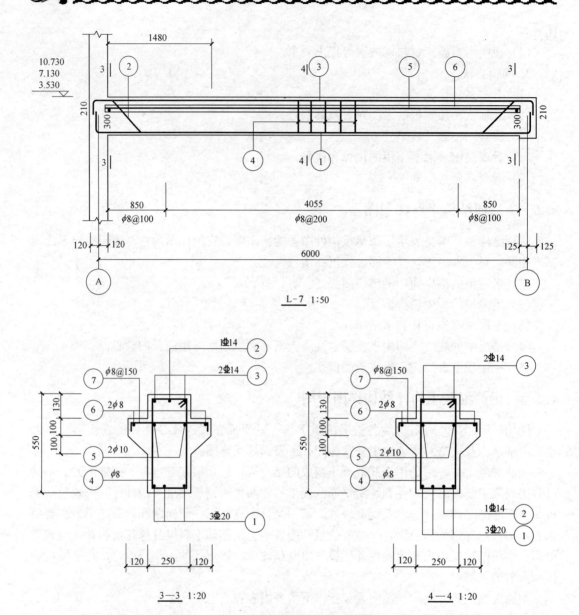

图 4-3　钢筋混凝土梁配筋图

（2）梁的跨中下部配置 4 根 HRB400 级钢筋［3 根直径 20mm（编号①）＋1 根直径 14mm（编号②）］作为受力筋；其中直径 14mm 的钢筋②在支座处由顶部向梁下部按 45°方向弯起，弯起钢筋上部弯起点的位置距离支座边缘 50mm；在梁的上部配置两根直径 14mm 的 HRB400 级钢筋编号③，作为受力筋；箍筋采用直径 8mm 的 HPB300 级钢筋，编号④，间距 200mm 在梁中长度为 4055mm 的区域内均匀分布，两端靠近支座 850mm 范围内加密，间距变为 100mm。

（3）立面图箍筋采用简化画法，只画出三至四道箍筋，注明了箍筋的直径和间距。另外在立面图上还标注了梁顶的标高 3.530m，其中 3.530 之上的数字 7.130 和 10.730 分别表示在这两个高度上，这个梁也适用。

4.3 钢结构施工图的识图

4.3.1 钢结构施工图的组成

在建筑钢结构中，钢结构施工图一般可分为钢结构设计图和钢结构施工详图两种。钢结构设计图是由设计单位编制完成的；而钢结构施工详图是以前者为依据，一般由钢结构制造厂或施工单位深化编制完成，并直接作为加工与安装的依据。

1. 钢结构设计图

钢结构设计图应根据钢结构施工工艺、建筑要求进行初步设计，然后制定施工设计方案，并进行计算，根据计算结果编制而成。其目的、深度及内容均应为钢结构施工详图的编制提供依据。

结构设计图一般较简明，使用的图纸量也比较少，其内容一般包括设计总说明、布置图、构件图、节点图及钢材订货表等。

2. 钢结构施工详图

钢结构施工详图是直接供制造、加工及安装使用的施工用图，是直接根据结构设计图编制的工厂施工及安装详图，有时也含有少量连接、构造等计算。它只对深化设计负责，一般多由钢结构制造厂或施工单位进行编制。

施工详图通常较为详细，使用的图纸量也比较多，其内容主要包括构件安装布置图及构件详图等。

钢结构设计图与施工详图的区别见表 4-1。

钢结构设计图与施工详图的区别 表 4-1

设 计 图	施 工 详 图
(1)根据工艺、建筑要求及初步设计等，并经施工设计方案与计算等工作而编制的较高阶段施工设计图	(1)直接根据设计图编制的工厂施工及安装详图(可含有少量连接、构造与计算)，只对深化设计负责
(2)目的、深度及内容均仅为编制详图提供依据	(2)目的为直接供制作、加工及安装的施工用图
(3)由设计单位编制	(3)一般由制造厂或施工单位编制
(4)图纸表示简明、图纸量较少，其内容一般包括设计总说明与布置图、构件图、节点图、钢材订货表等	(4)图纸表示详细、数量多，内容包括构件安装布置图及构件详图

4.3.2 钢结构施工图的内容

1. 钢结构设计图的内容

钢结构设计图的内容一般包括图纸目录、设计总说明、柱脚锚栓布置图、纵横立面图、构件布置图、节点详图、构件图、钢材及高强度螺栓估算表等。

(1) 设计总说明。设计总说明中含有设计依据、设计荷载资料、设计简介、材料的选用、制作安装要求、需要作试验的特殊说明等内容。

(2) 柱脚锚栓布置图。首先按照一定比例绘制出柱网平面布置图，然后在该图上标注出各个钢柱柱脚锚栓的位置，即相对于纵横轴线的位置尺寸，并在基础剖面图上标出锚栓空间位置标高，标明锚栓规格数量及埋置深度。

（3）纵、横、立面图。当房屋钢结构比较高大或平面布置比较复杂、柱网不太规则，或立面高低错落时，为表达清楚整个结构体系的全貌，宜绘制纵、横、立面图，主要表达结构的外形轮廓、相关尺寸和标高、纵横轴线编号及跨度尺寸和高度尺寸，剖面宜选择具有代表性的或需要特殊表示清楚的地方。

（4）结构布置图。结构布置图主要表达各个构件在平面中所处的位置并对各种构件选用的截面进行编号。屋盖平面布置图中包括屋架布置图（或刚架布置图）、屋盖檩条布置图和屋盖支撑布置图。屋盖檩条布置图主要表明檩条间距和编号，以及檩条之间设置的直拉条、斜拉条布置和编号。屋盖支撑布置图主要表示屋盖水平支撑、纵向刚性支撑、屋面梁的支撑等的布置及编号。

柱子平面布置图主要表示钢柱（或门式刚架）和山墙柱的布置及编号，其纵剖面表示柱间支撑及墙梁布置与编号，包括墙梁的直拉条和斜拉条布置与编号、柱隔撑布置与编号，横剖面重点表示山墙柱间支撑、墙梁及拉条面布置与编号。

吊车梁平面布置表示吊车梁、车挡及其支撑布置与编号。

除主要构件外，楼梯结构系统构件上开洞、局部加强、围护结构等可根据不同内容分别编制专门的布置图及相关节点图，与主要平、立面布置图配合使用。

布置图应注明柱网的定位轴线编号、跨度和柱距，在剖面图中主要构件在有特殊连接或特殊变化处（如柱子上的牛腿或支托处、安装接头、柱梁接头或柱子变截面处）应标注标高。

对构件编号时，首先必须按《建筑结构制图标准》GB/T 50105—2010 的规定使用常用构件代号作为构件编号。在实际工程中，可能会有在一个项目里同样名称而不同材料的构件，为便于区分，可在构件代号前加注材料代号，但要在图纸中加以说明。一些特殊构件代号中未作出规定，可参照规定的编制方法用汉语拼音字头编代号，在代号后面可用阿拉伯数字按构件主次顺序进行编号。一般来说只在构件的主要投影面上标注一次。不要重复编写，以防出错。一个构件如截面和外形相同，长度虽不同，可以编为同一个号。如果组合梁截面相同而外形不同，则应分别编号。

每张构件布置图均应列出构件表，见表 4-2。

构件表　　　　　　　　　　　　　　　　　　　表 4-2

编号	名称	截面(mm)	内力		
			$M(kN \cdot m)$	$N(kN)$	$V(kN)$

（5）节点详图。节点详图在设计阶段应表示清楚各构件间的相互连接关系及其构造特点，节点上应标明在整个结构物上的相关位置，即应标出轴线编号、相关尺寸、主要控制标高、构件编号或截面规格、节点板厚度及加劲肋做法。构件与节点板采用焊接连接时，应标明焊脚尺寸及焊缝符号。构件采用螺栓连接时，应标明螺栓类型、直径、数量。设计阶段的节点详图具体构造做法必须交代清楚。

节点选择部位主要是相同构件的拼接处、不同构件的拼接处、不同结构材料连接处，以及需要特殊交代的部位。节点图的圈定范围应根据设计者要表达的设计意图来确定，如屋脊与山墙部分、纵横墙及柱与山墙部位等。

（6）构件图。格构式构件、平面桁架和立体桁架及截面较为复杂的组合构件等需要绘制构件图，门式刚架由于采用变截面，故也要绘制构件图，以便通过构件图表达构件外形、几何尺寸及构件中的杆件（或板件）的截面尺寸，以方便绘制施工详图。

2. 钢结构施工详图的内容

施工详图内容包括设计与绘制两部分。

（1）施工详图的设计内容，设计图在深度上，一般只绘出构件布置、构件截面与内力及主要节点构造，所以在详图设计中需补充进行部分构造设计与连接计算具体内容。

1）构造设计：桁架、支承等节点板设计与放样；梁支座加劲肋或纵横加劲肋构造设计；组合截面构件缀板、填板布置、构造；螺栓群与焊缝群的布置与构造等。构件运送单元横隔设计，张紧可调圆钢支承构造、拼接、焊接坡口及构造切槽构造。

2）构造及连接计算：构件与构件间的连接部位，应按设计图提供的内力及节点构造进行连接计算及螺栓与焊缝的计算，选定螺栓数量、焊脚厚度及焊缝长度；对组合截面构件还应确定缀板的截面与间距。材料或构件焊缝变形调整余量及加工余量计算，对连接板、节点板、加劲板等，按构造要求进行配置放样及必要的计算。

（2）施工详图绘制内容如下：

1）图纸目录：视工程规模的大小，可以按子项工程或以结构系统为单位编制。

2）钢结构设计总说明：应根据设计图总说明编写，内容一般应有设计依据（如工程设计合同书、有关工程设计的文件、设计基础资料及规范、规程等）、设计荷载、工程概况和对钢材的钢号、性能要求、焊条型号和焊接方法、质量要求等；图中未注明的焊缝和螺栓孔尺寸要求、高强度螺栓摩擦面抗滑移系数、预应力、构件加工、预装、除锈与涂装等施工要求和注意事项等以及图中未能表达清楚的一些内容，都应在总说明中加以说明。

3）结构布置图：主要供现场安装用。以钢结构设计图为依据，分别以同一类构件系统（如屋盖系统、刚架系统、起重机梁系统、平台等）为绘制对象，绘制本系统的平面布置和剖面布置（一般有横向剖面和纵向剖面），并对所有的构件编号；布置图尺寸应注明各构件的定位尺寸、轴线关系、标高等，布置图中一般附有构件表、设计总说明等。

4）构件详图：依据设计图及布置图中的构件编号编制，主要供构件加工厂加工并组装构件用，也是构件出厂运输的构件单元图，绘制时应按主要表示面绘制每一构件的图形零配件及组装关系，并对每一构件中的零件编号，编制各构件的材料表和本图构件的加工说明等。绘制桁架式构件时，应放大样确定杆件端部尺寸和节点板尺寸。

5）安装节点详图：施工详图中一般不再绘制安装节点详图，当构件详图无法清楚表示构件相互连接处的构造关系时，可绘制相关的节点图。

4.3.3　钢结构施工图的识图目的

钢结构施工图的识图目的主要有以下几点：

1. 进行工程量的统计与计算

虽然目前进行工程量统计的软件有很多，但这些软件对施工图的精准性要求很高，而施工图可能会出现一些变更，此时需要参照施工图人工进行计算；此外，这些软件在许多施工单位还没有普及，因此在很长一段时间内，照图人工计算工程量仍然是施工人员应具备的一项能力。

2. 进行结构构件的材料选择和加工

钢结构与其他常见结构（如砖混结构、钢筋混凝土结构）相比，需要现场加工的构件很少，大多数构件都是在加工厂预先加工好，再运到现场直接安装的。因此，需要根据施工图纸明确构件选择的材料以及构件的构造组成。在加工厂，往往还要把施工图进一步分解，形成分解图纸，再据此进行加工。

3. 进行构件的安装与施工

要进行构件的安装和结构的拼装，必须要能够阅读图纸上的信息，才能够真正做到照图施工。

4.3.4　钢结构施工图的识图技巧

钢结构施工图在识图时，为了更清晰、更准确，可以按照以下步骤进行：

（1）首先，应仔细阅读结构设计说明，弄清结构的基本概况，明确各种结构构件的选材，尤其要注意一些特殊的构造做法，该处表达的信息通常都是后面图纸中一些共性的内容。

（2）然后，是基础平面布置图和基础详图。

1）在基础平面布置图识图时，首先应明确该建筑物的基础类型，再从图中找出该基础的主要构件，然后对主要构件的类型进行归类汇总。

2）最后，按照汇总后的构件类型找到其详图，明确构件的尺寸和构造做法。

（3）结构平面布置图识图。结构平面布置图通常都是按层划分的，若各层的平面布置相同，可采用同一张图纸表达，只需在图名中进行说明。读结构平面布置图时，首先应明确该图中结构体系的种类及其布置方案，然后应从图中找出各主要承重构件的布置位置、构件之间的连接方法以及构件的截面选取，接着对每一种类的构件按截面不同进行种类细分，并统计出每类构件的数量。

（4）读完结构平面布置图后，应对建筑物整体结构有一个宏观的认识。然后，再仔细对照构件的编号，并阅读各构件的详图。通过构件详图明确各种构件的具体制作方法以及构件与构件的连接节点的详细制作方法，对于复杂的构件通常还需要有一些板件的制作详图。

4.3.5　钢结构施工图识图的注意事项

钢结构施工图识图的注意事项主要有以下几点：

1. 注意每张图纸上的说明

在施工中，除了有一个设计总说明以外，在其他图纸上也会出现一些简单的说明。在读该图时应首先阅读该说明，这里面往往涉及图中一些共性的问题，在此采用文字说明后，图中往往不再体现。初学者拿到图后总习惯先看图样，结果发现图中缺少一些信息，而这些信息一般在说明中早有体现。

2. 注意图纸之间的联系和对照

初学者在读图时，总习惯一张图读完后再读另一张，孤立地读某一张，而不注意与其他图纸进行联系与比较。前面讲到过，一套施工图是根据不同的投影方向，对同一个建筑物进行投影得到的。当读图者只从一个投影方向识图、无法理解图式含义时，应考虑与其他投影方向的图进行对照，从而得到准确的答案。

在读构件详图时更要注意这个问题，往往结构体系的布置图和构件的详图不会出现在同一张图纸上。此时，要使详图与构件位置统一，必须要注意图纸之间的联系。一般情况下，可以根据索引符号和详图符号进行联系。

3. 注意构件种类的汇总

钢结构施工图的图样对一个初学者来讲十分繁杂，一时不知该从何下手，而且看完以后不容易记住。因此，就需要边看图边记笔记，把图纸上复杂的东西进行归类，尤其是没有用钢量统计表的图纸，这一点显得尤为重要。如果图纸上有用钢量统计表，可以借助用钢量统计表来汇总构件的种类，或者对其再进行进一步的细分。用来进行汇总的表格可以根据读者需要自行设计，建议初学者读图时能够养成这样一个习惯，等熟练后则可不必再将表格写出。

4. 注意考虑其施工方法的可行性和难易程度

在建筑工程施工前，往往都要召开一个图纸会审的会议，需要设计方、施工方、建设方、监理方共同对图纸进行会审，共同来解决图纸上存在的问题。作为施工方，此时不仅要找出图纸上存在的错误和存在歧义的地方，还要考虑到后续施工过程中的可行性和难易程度。毕竟能够满足建筑需求的结构方案有很多，但并不是每一种结构方案都比较容易施工，这就需要施工方提前把握。对于初学者，要做到这一点还比较困难，但这的确是在识图过程中需要特别注意的问题，需要不断地积累经验。

5

建筑钢结构工程图识图诀窍

5.1 钢结构节点详图识图诀窍

5.1.1 屋架节点详图

屋架施工图是表示钢屋架的形式、大小，型钢的规格，杆件的组合和连接情况的图形。

1. 钢屋架的种类

钢屋架的外形主要有三角形、梯形、矩形（平行弦）、人字形等，如图 5-1 所示。

（1）三角形钢屋架多用于屋面坡度较大（$i=1/6\sim1/3$）的有檩体系，屋面材料可用波形石棉瓦、玻璃钢瓦和压型钢板。

（2）梯形钢屋架多用于屋面坡度较缓（$i=1/20\sim1/8$）的无檩体系，屋面材料主要是大型屋面板，屋架高度 $h=(1/15\sim1/10)l$。

（3）平行弦钢屋架可用于各种坡度屋面，由于其节间划分统一，因此中间节点构造统一，制作方便，应用较多，例如各种支撑体系就是平行弦钢屋架的一种应用。

2. 屋架施工图

屋架施工图主要内容包括：屋架简图、屋架详图、钢材用量表和必要的文字说明等。

（1）屋架简图　屋架简图也叫屋架杆件的几何尺寸图，通常放在图纸的左上角，有时也放在右上角。通常用较小的比例绘出，并用细实线表示。其作用是用以表达屋架的结构形式及杆件的几何中心长度、屋架跨度及屋脊的高度。另外，在简图的右半跨还应注明每个杆件所受的最大轴力。

（2）屋架详图　它是屋架施工图的核心，用以表达杆件的截面形式、相对位置、长度，节点处的连接情况（节点板的形状、尺寸、位置、数量，与杆件的连接焊缝尺寸，拼接角钢的形状、大小），其他构造连接（螺栓孔的位置及大小）等。它也是进行施工放线的依据。屋架详图包括以下部分：

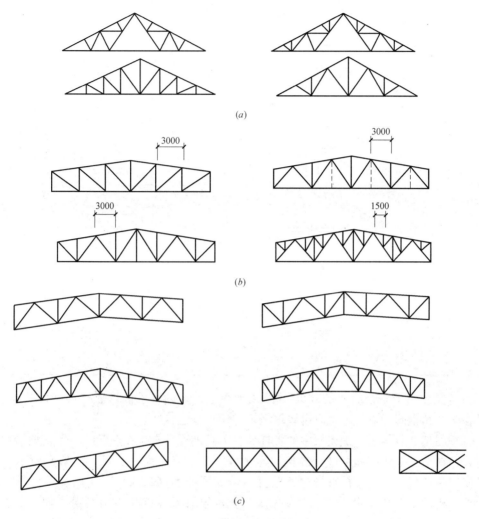

图 5-1　钢屋架的常见类型

（a）三角形钢屋架；（b）梯形钢屋架；（c）人字形及平行弦桁架

1）屋架正立面图；

2）上下弦平面图及侧立面图；

3）截面图及节点详图、杆件详图、连接板详图、预埋件详图、剖面图及其他详图。

（3）钢材用量表和必要的文字说明　钢材用量表不但用于备料，计算用钢指标，为吊装选择起重机械提供依据，而且可以简化屋架详图的图面内容。因为一般板件的厚度、角钢的规格可以直接由材料表给出。

施工图的文字说明应包括所选用钢材的种类、焊条型号、焊接的方法及对焊缝质量的要求、屋架的防腐做法以及图中没有表达或表达不清楚的其他内容。

3. 钢屋架的截面形式

普通钢屋架杆件一般采用两个角钢组成的 T 形或十字形截面。选择杆件截面组合形式时，除应尽可能满足两个方向稳定要求外，还必须保证构造简单，制作、安装和维护方便等要求。常见的截面形式见表 5-1。

屋架杆件截面形式

表 5-1

项次	杆件截面组合形式	截面形式	回转半径的比值	用　　途
1	两个不等边角钢短肢相并		$\dfrac{i_y}{i_x} \approx 2.6 \sim 2.9$	计算长度 l_{0y} 较大的上、下弦杆
2	两个不等边角钢长肢相并		$\dfrac{i_y}{i_x} \approx 0.75 \sim 1.0$	端斜杆、端竖杆、受较大弯矩作用的弦杆
3	两个等边角钢相并		$\dfrac{i_y}{i_x} \approx 1.3 \sim 1.5$	其余腹杆、下弦杆
4	两个等边角钢组成十字形截面		$\dfrac{i_y}{i_x} = 1.0$	与竖向支撑相连的屋架竖杆

　　为确保由两个角钢组成的 T 形截面或十字形截面的杆件能形成整体杆件共同工作，必须在两个角钢间每隔一定距离设置填板，并用焊缝连接。

　　(1) 屋架节点构造　钢屋架中的各杆件在节点处通常是焊在一起的。但重型桁架如栓焊桥，则在节点处用高强度螺栓连接。连接可以使用节点板，如图 5-2（a）所示；也可以不使用节点板，而将腹杆直接焊于弦杆上，如图 5-2（b）所示。使用节点板时，尚需决定节点板的形状和尺寸。节点的构造应传力路线明确、简洁，制作安装方便。节点板应该只在弦杆与腹杆之间传力，以免负担过重和厚度过大。弦杆如果在节点处断开，应设置拼接材料在两段弦杆间直接传力。

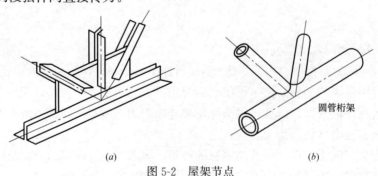

（a）　　　　　　　　　　　　　　　　（b）
图 5-2　屋架节点

　　1）布置桁架各杆件的位置时，原则上应使各杆件形心轴线与桁架几何轴线重合，如果不能重合时，允许几何轴线到角钢肢背的焊缝距离为 5mm 的倍数。

　　2）一般节点是指节点无集中荷载也无弦杆拼接的节点。双角钢截面在节点处用节点板通过角焊缝连接，如图 5-3 所示。

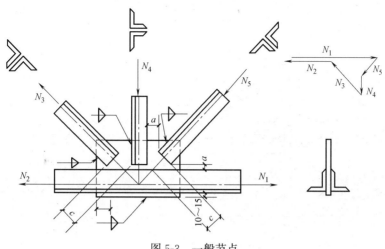

图 5-3　一般节点

3）下弦杆与节点板的连接。由于弦杆不截断，所以 ΔN 很小，其角焊缝无须计算，与节点板搭接长度内满焊即可，如图 5-4 所示。

下弦跨中拼接节点角钢长度不足时，以及桁架分单元运输时弦杆经常要拼接。前者常为工厂拼接，拼接点可在节间也可在节点；后者为工地拼接，拼接点通常在节点。

图 5-5 是下弦跨中工地拼接节点。弦杆内力比较大，单靠节点板传力是不适宜的，并且节点在平面外的刚度将很弱，所

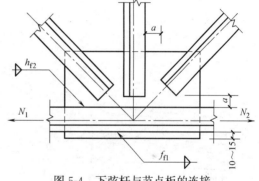

图 5-4　下弦杆与节点板的连接

以弦杆经常用拼接角钢来拼接。拼接角钢采取与弦杆相同的规格，并切去部分竖肢及切去直角边棱。切肢 $\Delta = t + h_f + 5\text{mm}$ 以便施焊，其中 t 为拼接角钢肢厚，h_f 为角焊缝焊脚尺寸，5mm 为余量（以避开肢尖圆角）；切棱是使其与弦杆贴紧，如图 5-5（b）所示。切肢、切棱引起的截面削弱（一般不超过原面积的 15%）不太大，在需要时可由节点板传一部分力来补偿。也有将拼接角钢选成与弦杆同宽，但肢厚稍大一点的。当为工地拼接时，为便于现场拼装，拼接节点要设置安装螺栓。拼接角钢与节点板应各焊于不同的运输单元，以避免拼装中双插的困难。也有的将拼接角钢单个运输，拼装时用安装焊缝焊于两侧。

4）上弦杆与节点板的连接。上弦杆与节点板连接如图 5-6 所示。当采用较重的屋面板而上弦角钢较薄时，其伸出肢容易弯曲，必要时可用水平板予以加强。为了使檩条或屋面板能够放置，节点板有不伸出或部分伸出两种做法。

5）支座节点。屋架与柱子的连接可以设计成铰接或刚接。支承于钢筋混凝土柱的屋架一般都按铰接设计。屋架与钢柱的连接可铰接也可刚接。三角形屋架端部高度小，需加隅撑才能与柱形成刚接；否则，只能与柱形成铰接，如图 5-7 所示。梯形屋架（图 5-8）和平行弦屋架的端部有足够的高度，既可与柱铰接，也可通过两个节点与柱相连而形成刚

接。铰接支座只需传递屋架竖向支座反力，而与柱刚接的屋架支座节点要能传递端部弯矩产生的水平力和竖向反力。

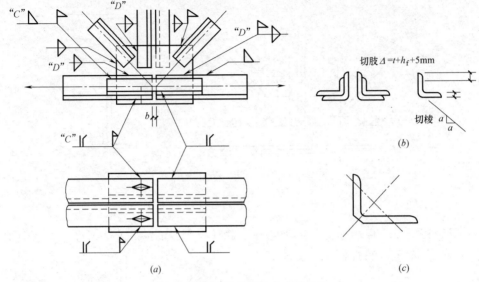

图 5-5　下弦跨中拼接节点的连接

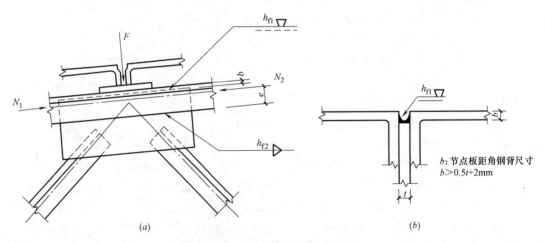

图 5-6　上弦杆与节点板的连接

（a）连接构造；（b）节点及缩进构造

图 5-8 是简支梯形屋架支座节点。在图中，以屋架杆件合力（竖向）作用点作为底板中心，合力通过方形或矩形底板以分布力的形式传给混凝土等下部结构。为保证底板的刚度，也为传力和节点板的平面刚度的需要，应有肋板，肋板厚度的中线应与各杆件合力线重合。梯形屋架中，为了便于焊缝的施焊，下弦角钢的边缘与底板间的距离 e 一般应不小于下弦伸出肢的宽度。底板固定于钢筋混凝土柱等下部结构中预埋的锚栓上。为使屋架在安装时容易就位并最终能固定牢靠，底板上应有较大的锚栓孔，就位后再用垫板套进锚栓并将垫板焊牢于底板。锚栓直径 d 一般为 18~26mm（常不小于 20mm），底板上的孔为圆形或半圆带矩形的豁孔，后者安装方便因此应用较广。底板上的锚栓孔径常为 $\phi=(2\sim2.5)d$。垫板上的孔径 $\phi'=d+(1\sim2)mm$。

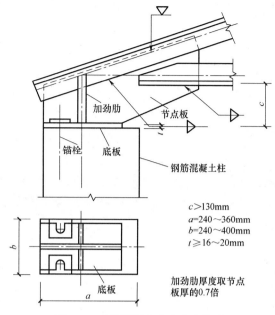

$c > 130mm$
$a = 240 \sim 360mm$
$b = 240 \sim 400mm$
$t \geqslant 16 \sim 20mm$

加劲肋厚度取节点板厚的0.7倍

图 5-7　三角形屋架支座节点构造

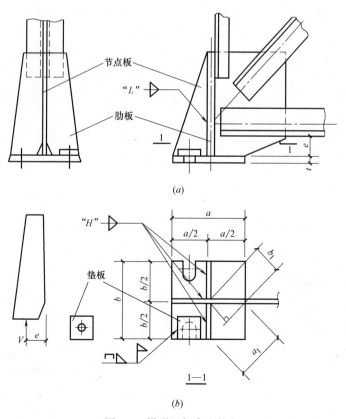

图 5-8　梯形屋架支座节点

6）桁架与柱的连接。图 5-9 为桁架与上部柱刚性连接的一种构造方式。这种连接方式的特点是：桁架端部上、下弦节点板都没有与之相垂直的端板；对于桁架跨度方向的尺

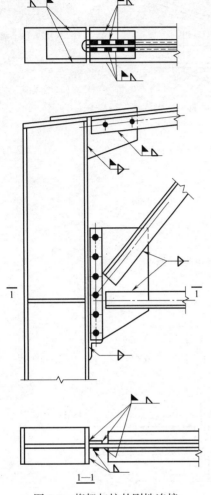

图 5-9　桁架与柱的刚性连接

寸，制造时不要求过分精确，因此，在工地安装时能与柱较容易连接，且上弦节点的水平盖板及焊缝能传递端弯矩引起的较大的水平力。上弦的水平盖板上开有一条槽口，这样它与柱及上弦杆肢背间的焊缝将都是俯焊缝，安装时便于保证焊缝质量。不过，在这种连接构造中安装焊缝较长，对焊缝质量要求也较严。

图 5-9 所示的桁架，其主要端节点在下弦，也称之为下承式。桁架上、下弦节点与柱之间由焊缝传力，图中的螺栓只在安装时起固定作用。

（2）屋架的典型节点　屋架的拼接节点包括上弦跨中拼接节点、下弦中间节点、无檩屋架上弦中间节点、有檩屋架上弦中间节点、上弦杆与节点板连接节点、弦杆与拼接角钢连接节点、下弦杆与节点板连接节点、屋架的支座节点、节点板形状对焊缝受力的影响、屋架与柱刚性连接的支座节点等。

上弦跨中拼接节点拼接角钢的弯折角度可用热弯形成，如图 5-10（a）所示。当屋面较陡需要弯折角度较大且角钢肢较宽不易弯折时，可将竖肢开口弯折后对焊，如图 5-10（b）所示。拼接角钢与弦杆间焊缝算法与下弦跨中拼接相同。计算拼接角钢长度时，屋脊节点所需间隙较大，常取 $b=50\text{mm}$ 左右。节点板有不伸出和部分伸出两种做法。

现以图 5-11 为例说明梯形屋架支座节点详图的读图方法和步骤。

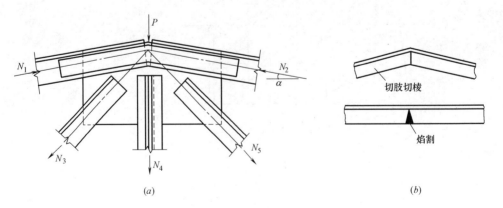

（a）　　　　　　　　　　　　　　　　（b）

图 5-10　上弦跨中拼接节点

（a）热弯形成；（b）弯折后对焊

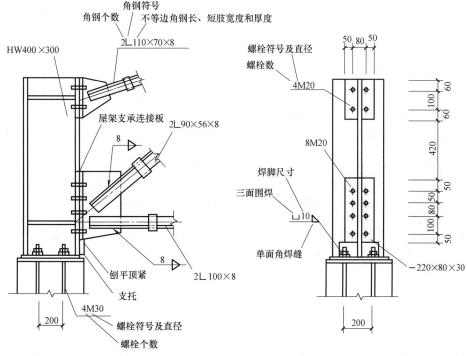

图 5-11   梯形屋架支座节点详图

1）此屋架上下弦杆和斜腹杆与边柱采用螺栓连接，边柱为热轧宽翼缘 H 型钢（用"HW"表示），规格为 400×300（截面高度为 400mm，翼板宽度为 300mm）。

2）屋架上下弦与柱翼缘连接处，柱腹板两侧设置 4 块规格相同的加劲肋。

3）上弦杆由两支规格为 L110×70×8 的不等边角钢通过连接垫板组合为一整体，它通过节点板与柱连接起来。

4）下节点腹杆由两支规格为 L90×56×8 的不等角钢通过连接垫板组合为一体与节点板连接，连接方式采用双面角焊缝，焊缝尺寸为 8mm，图中用符号"$\frac{8}{\triangleright}$"表示；下弦杆由两支规格为 L100×8 的等边角钢通过垫板组合为一体与节点板连接，连接方式与腹杆相同；支托与下弦连接板接触面要求刨平，安装时要顶紧。

5）从左侧立面图可知，上弦和下弦连接板横向的孔距均为 80mm，边距为 50mm，纵向上弦连接板孔距为 100mm，边距为 60mm，下弦连接板孔距由上至下分别为 80mm、80mm、100mm，边距为 50mm；支托的厚度为 30mm，宽度为 80mm，长度为 220mm，与边柱右侧翼板采取三面围焊连接方式，焊缝为单面角焊缝，焊缝尺寸为 10mm，图中用符号"$\llcorner^{10}\triangle$"表示。

6）由正立面图和侧立面图可知，边柱底座横向纵向孔距（栓距）均为 200mm。

4. 轻钢屋架的种类和特点

用直径不小于 12mm（屋架杆件）或直径不小于 16mm（支撑杆件）的圆钢和小角钢（小于 L45×4 或小于 L56×36×4）组成的钢屋架以及用 2～6mm 薄钢板或带钢冷弯成型的薄壁型钢屋架，统称为轻钢屋架。为了把两类轻钢屋架加以区别，前者称为轻型钢屋架，后者称为薄壁型钢屋架。

　　轻型钢屋架自重小、用钢省，便于制作运输、安装方便，但刚度差，承载力小，锈蚀影响大，主要用于轻型屋盖中，例如中小型厂房、食堂、小礼堂等，跨度不大于 18m，吊车起重量不大于 5t 又不很繁忙的桥式吊车厂房。轻型钢屋架常见的形式有三角形芬克式屋架、三铰拱屋架和梭形屋架，如图 5-12 所示。

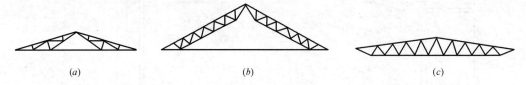

(a)　　　　　　　　　　　(b)　　　　　　　　　　　(c)

图 5-12　轻钢屋架形式

(a) 三角形芬克式屋架；(b) 三铰拱屋架；(c) 梭形屋架

　　轻钢腹杆宜直接与弦杆焊接，尽可能不用节点板，若采用时，节点板厚一般为 6～8mm，支座节点板厚 12～14mm；屋架杆件重心线应尽可能在节点处交于一点，但圆钢与弦杆连接时，很难避免偏心，此时节点中心至腹板与弦杆的交点距离为 10～20mm，如图 5-13 所示。

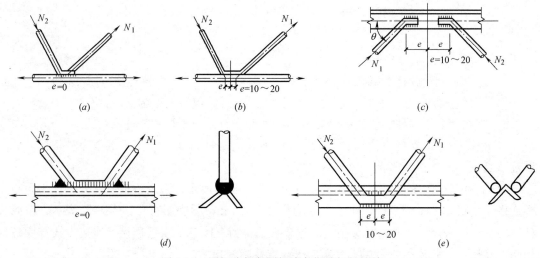

图 5-13　圆钢腹杆与圆钢或角钢弦杆的连接

　　（1）三角形芬克式屋架　三角形芬克式屋架的上弦截面常采用双角钢（为安放檩条），下弦和腹杆常采用单角钢或圆钢，对于圆钢不宜采用内力较大的受压腹杆。这种屋架构造简单，制作方便，短杆受压，长杆受拉，结构合理。这种屋架跨度常为 9～18m，屋架间距为 4～6m。有桥式吊车时，屋架杆件不宜采用圆钢，其节点构造如图 5-14 所示。

　　（2）三铰拱屋架　三铰拱屋架如图 5-15（a）所示，它由两根斜梁和一根拉杆组成。三铰拱屋架的斜梁截面有平面式桁架和空间式桁架两种，如图 5-15（b）、（c）所示。平面式桁架侧向刚度差，一般宜采用空间式桁架（倒三角形）。空间式桁架斜梁上弦截面宜用双角钢，并在间内用缀条将两根缀条相连；斜梁下弦宜采用单角钢，当下弦受拉时，也可以采用圆钢；斜梁腹杆通常用连续弯折的圆钢；拉杆一般用单圆钢。

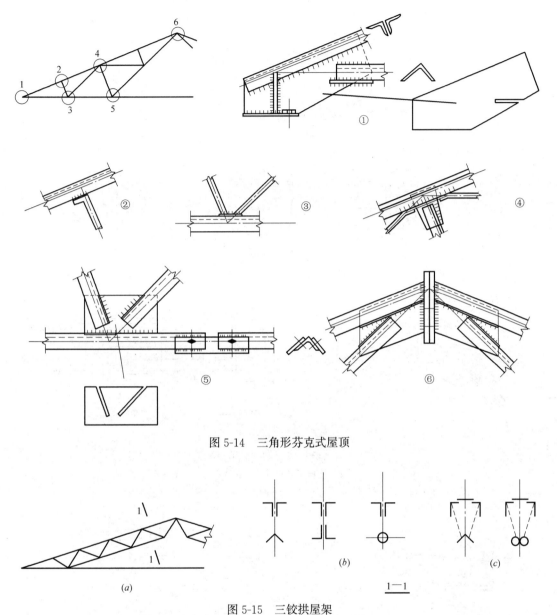

图 5-14 三角形芬克式屋顶

图 5-15 三铰拱屋架

三铰拱轻钢屋架构造如图 5-16 所示。

（3）梭形屋架 梭形屋架一般采用空间式桁架（三角形），它的上弦常采用单角钢（不小于∟ 90×6）并且开口朝上（V 形），下弦和腹杆常用圆钢，有时也用角钢。梭形屋架与前两种屋架的主要不同点是高度小、坡度小，常用于有卷材防水无檩屋盖中，跨度不大于 15m，间距随屋面板长度而定，变动范围大（2～6m）。其节点构造如图 5-17 所示，与三角形芬克式屋架及三铰拱屋架节点构造类同。

5.1.2 支撑节点详图

为了保证钢结构的整体稳定性，应根据各类结构形式、跨度大小、房屋高度、吊车吨

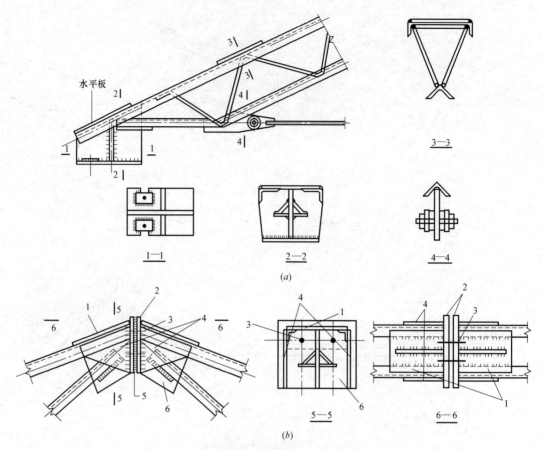

图 5-16　三铰拱轻钢屋架节点构造

（a）支座节点；（b）屋脊节点

1—水平板；2—端封板；3—螺栓；4—两侧竖端板；5—垫板；6—中间节点板

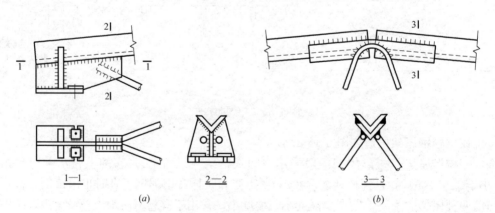

图 5-17　梭形屋架节点构造

（a）支座节点；（b）屋脊节点

位和所在地区的地震设防烈度等分别设置支撑系统。钢结构支撑可分为柱间支撑（ZC）、水平支撑（SC）、系杆（XG）等，大多采用型钢制作。水平支撑多采用圆钢和角钢制作，垂直支撑采用的型钢类型比较多，如圆钢、角钢、钢管、槽钢、工字钢等，构造也较水平支撑复杂，有双片式柱间支撑、双层柱间支撑、门式柱间支撑等。圆钢制作的水平支撑节点较为简单，角钢制作的水平支撑节点与柱间支撑节点基本类同。

现以图 5-18 为例，说明角钢支撑节点详图的读图方法和步骤。

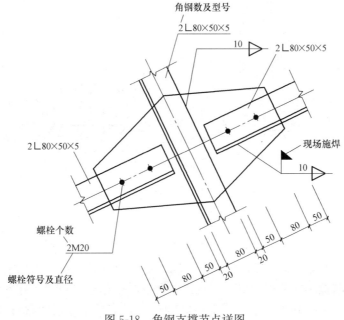

图 5-18　角钢支撑节点详图

（1）支撑构件采用双角钢（用"2L"表示），规格为 $80×50×5$（长肢宽为 80mm，短肢宽为 50mm，肢厚为 5mm），采用角焊缝和普通螺栓相结合的连接方式。

（2）通长角钢满焊在连接板上，符号"$\overset{10}{\underline{\hspace{1cm}}}\triangleright$"表示指示处为双面角焊缝，焊缝尺寸为 10mm。

（3）分断角钢与连接板采用螺栓和角焊缝的连接方式。分断角钢与连接板连接的一端采用 2 个直径为 20mm 的普通螺栓连接，栓距为 80mm；符号"$\overset{}{\underline{\hspace{0.3cm}}}\underset{10}{\hspace{0.3cm}}\triangleright$"表示指示处角焊缝为现场施焊，焊缝焊角尺寸为 10mm。焊缝长度为 180mm。

5.1.3　柱脚节点详图

柱脚的功能是将柱子的内力可靠地传递给基础，并与基础有牢固的连接。整个柱中，柱脚是比较费钢材和比较费工的部分。

柱脚的具体构造取决于柱的截面形式及柱与基础的连接方式。柱与基础的连接方式根据传递上部结构弯矩要求分为刚接和铰接两种形式。刚接柱脚与混凝土基础的连接方式有支承式（也称外露式）、埋入式（也称插入式）和包脚式三种；铰接柱脚与混凝土基础的连接方式均为支承式。

埋入式柱脚插入钢筋混凝土基础的杯口中，如图 5-19（a）所示，然后用细石混凝土填实，通过柱身与混凝土之间的接触传力。当柱在荷载组合下出现拉力时，可采用预埋锚栓或柱翼缘设置焊钉等办法。包脚式基础的传力方式与埋入式相似，因外包层混凝土层较薄，需配筋来加强，如图 5-19（b）所示。

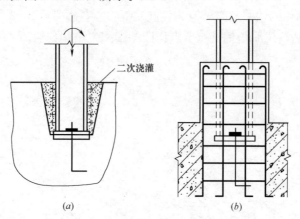

图 5-19 埋入式和包脚式刚接柱脚
(a) 埋入式；(b) 包脚式

  构件与基础连接的柱脚可以是铰接柱脚，如图 5-20（a）、（b）和（c）所示，也可以是刚接柱脚，如图 5-20（d）所示。图 5-20（a）是一种轴承式铰接柱脚，柱可以围绕着枢轴自由转动，其构造形式很符合铰接连接的力学计算简图，铰接柱脚不承受弯矩。但是，这种柱脚的制造和安装都很费工，也很费钢材，只有少数大跨度结构因要求压力的作用点不允许有较大变动时才采用。图 5-20（b）、（c）都是平板式铰接柱脚。图 5-20（b）是一种最简单的柱脚构造方式，在柱的端部只焊了一块不太厚的钢板，这块板通常称为底板，用以分布柱的压力。最常采用的铰接柱脚是由靴梁和底板组成的柱脚，如图 5-20（c）所示。柱身的压力通过与靴梁连接的竖向焊缝先传给靴梁，这样柱的压力就可向两侧分布开来，然后再通过与底板连接的水平焊缝经底板达到基础。当底板的底面尺寸较大时，为了提高底板的抗弯能力，可以在靴梁之间设置隔板。柱脚通过埋设在基础里的锚栓来固定。按照构造要求，常采用 2～4 个直径为 20～25mm 的锚栓来固定柱脚。为了便于安装，底板上的锚栓孔径为锚栓直径的 1.5～2 倍，套在锚栓上的零件板是在柱脚安装定位以后焊上的。图 5-20（d）是附加槽钢后使锚栓处于高位紧张的刚性柱脚，为了加强槽钢翼缘的抗弯能力，在它的下面焊以肋板。柱脚锚栓分布在底板的四周以便使柱脚不能转

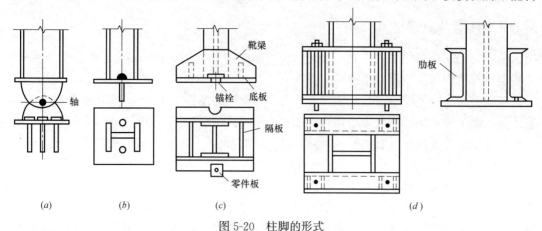

图 5-20 柱脚的形式

动。刚接柱脚因同时承受压力和弯矩，构造上要保证传力明确，柱脚与基础之间的连接要兼顾强度和刚度，并要便于制造和安装。无论铰接还是刚接，柱脚都要传递剪力。对于一般单层厂房来说，剪力通常不大，底板与基础之间的摩擦就足以胜任。

当作用于柱脚的压力和弯矩都比较小，而且在底板与基础之间只承受不均匀压力时，可采取图 5-21（a）、（b）所示的构造方案。图 5-21（a）和轴心受压柱的柱脚构造类同，在锚栓连接处焊一角钢，以增强连接刚性。当弯矩作用较大而要求较高的连接刚性时，可以采取图 5-21（b）所示的构造。此时，锚栓通过用肋加强的短槽钢材柱脚与基础牢牢固定住。

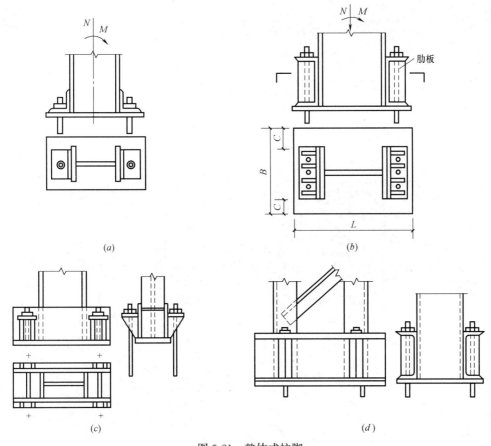

图 5-21 整体式柱脚

对于肢间距离很大的格构柱，可在每个肢的端部设置如图 5-22 所示的独立柱脚，组成分离式柱脚。每个独立柱脚都根据分肢可能产生的最大压力按轴心受压柱的柱脚设计，而锚栓的直径则根据分肢可能产生的最大拉力确定。采用分离式柱脚可节省钢材，制造也较简便。为保证运输和安装时柱脚的整体刚性，可在分离式柱脚的底板之间设置如图 5-22 所示的连系杆。

现以图 5-23 为例，说明柱脚节点详图的读图方法和步骤。

（1）该柱脚节点共需直径为 24mm 的螺栓 6 个，每个螺栓下需 1 块垫板，垫板居中开 1 个孔，孔径为 26mm。可见采用的螺栓公差等级比较大，属 C 级螺栓。

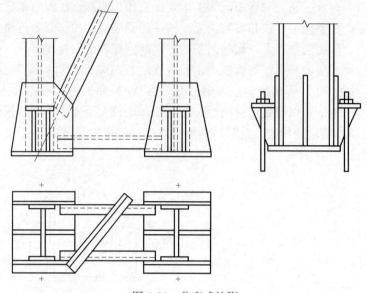

图 5-22 分离式柱脚

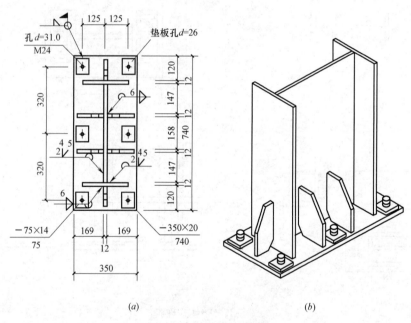

图 5-23 柱脚节点详图

（a）节点详图；（b）透视图

（2）柱翼板和腹板需开单边 V 形 45°坡口，与底板间拼焊时留 2mm 拼接缝，图中用符号 "$\stackrel{45°}{\underset{2}{\curvearrowright}\mathrel{V}}$" 表示，圆弧为相同焊缝符号（表示此图中与所指示位置截面构造相同均采用此种焊缝）。

（3）加强筋与翼板和柱底板的角焊缝采用双面焊，焊缝尺寸均为 6mm，图中用符号 "$\overset{6}{\triangleright\hspace{-2pt}\triangleleft}$" 表示。

（4）柱垫板采用单面现场围焊，图中用符号 "$\underset{\circ}{\triangleleft}$" 表示。圆是围焊符号，小黑旗是现场焊接符号，未标注焊缝尺寸的焊缝，一般图纸说明中会有要求，没有则按构造选择焊缝尺寸。

图 5-23（b）为该节点详图的透视图，可以很直观地看出柱脚的构造。

5.1.4　柱拼接连接

1. 柱的截面形式

轴心受力构件广泛应用于桁架、塔架、网架、支撑体系等结构中，常用于受压柱。轴心受力构件的截面形式主要有实腹式（热轧型钢、钢板焊接成的工字型钢）及格构式（钢板和型钢组成）两类。格构式又分缀板式和缀条式两种。

钢柱截面多为宽翼缘工字形截面或箱形截面。宽翼缘工字形截面者多用轧制的宽翼缘 H 型钢，力学性能较好，当结构高度不太高时，一般都选用这种截面。当荷载较大时，还可用焊接的宽翼缘 H 型钢。当荷载大或存在双向弯矩时，多用箱形截面，可由 H 型钢上加焊钢板，或由 4 块钢板焊接而成。高度大的钢结构柱多用箱形截面。此外，有些钢结构高层采用十字形截面的柱。由两个轧制工字钢或钢板组合成的十字形截面柱，特别适宜于承受双向弯矩。柱的截面形式如图 5-24 所示。

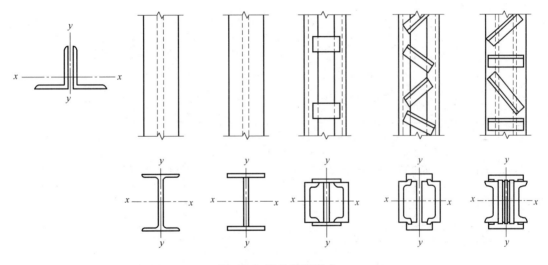

图 5-24　柱的截面形式

2. 钢柱的组成

钢柱由柱头、柱身和柱脚三部分组成。柱身截面有实腹式、缀板式和缀条式三种。实腹式柱由于轧制工字型钢翼缘太窄，不符合稳定要求，材料较费，故很少采用。柱头的连接形式如图 5-25 所示。

钢柱一般采用铰接平板式柱脚，由底板、靴梁、隔板及锚栓等组成，最常用的柱脚如图 5-26 所示。柱脚用锚栓固定在基础上，当上部结构安装校正后，将螺帽、垫板焊牢固定，再用混凝土将柱脚完全包住，埋于室内地面以下。

3. 柱的拼接

柱的拼接有多种形式，以连接方法不同分为螺栓和焊缝拼接，以构件截面不同分为等截面拼接和变截面拼接，以构件位置分为中心和偏心拼接。常见的拼接连接方式有箱形柱

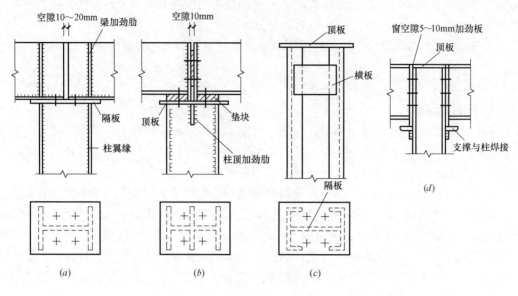

图 5-25　柱头连接形式

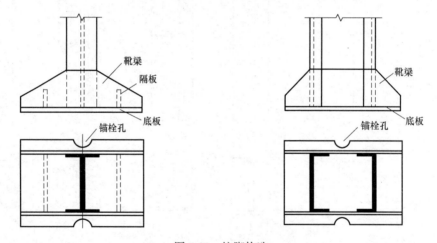

图 5-26　柱脚构造

拼接、H 形钢柱拼接、十字形柱拼接、圆形钢柱拼接（焊接）等。如为 H 形钢柱可用
高强度螺栓连接或高强度螺栓与焊接共同使用的混合连接，如为箱形截面柱，则多为
焊接。

（1）等截面柱的拼接　等截面拼接柱在制造工厂完成的拼接可以采用直接对焊或拼接
板加角焊缝，如图 5-27（a）、（b）所示。如果焊缝质量达到一、二级质量标准，无论受
拉、受压都可直接对焊；否则，受拉时要采用拼接板加角焊缝。采用后一方案时，构件的
翼缘和腹板都应有各自的拼接板和焊缝，使传力尽量直接、均匀，避免应力过分集中。确
定腹板拼接板宽度时，要留够施焊纵焊缝时操作焊条所需的空间，图 5-27（h）中 α 角不
应小于 30°。

现以图 5-28 为例，说明等截面钢结构柱与柱拼接详图的读图方法和步骤。

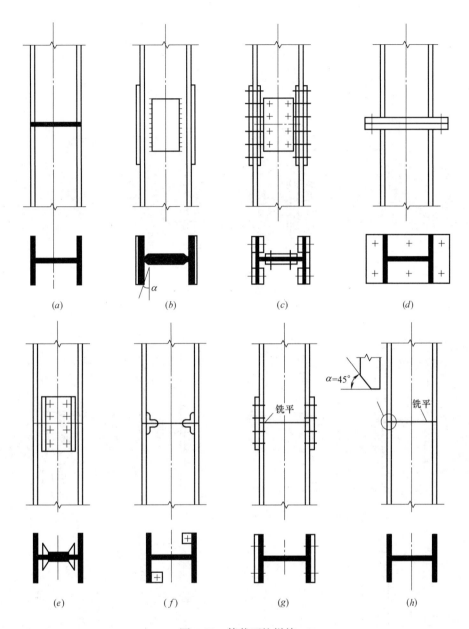

图 5-27　等截面柱拼接

1）上下截面均采用 HW450×300 型钢，即热轧宽翼缘 H 型钢，截面高度为 450mm、宽度为 300mm。腹板与翼缘间均采用高强度螺栓连接。

2）腹板螺栓采用 M20 高强度螺栓，数量为 6 个。腹板的拼接板厚度为 10mm。

3）翼缘每侧采用 12 个 M20 高强度螺栓连接，拼接板为厚 10mm 的双盖板。

4）由尺寸标注和立面图可知腹板和翼缘螺栓的具体布置。

（2）变截面柱的拼接　变截面柱有截面微小变化和较大变化两种不同的情况。相对等截面柱而言，变截面柱为不同的荷载类型提供了更多的选择。变截面柱的拼接如图 5-29 所示。

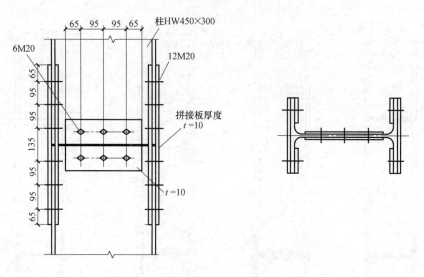

图 5-28　等截面钢结构柱与柱拼接详图

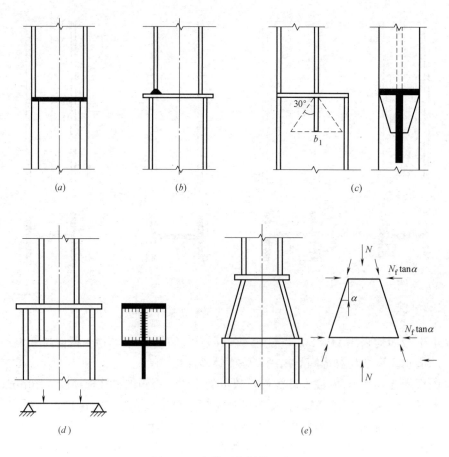

图 5-29　变截面柱拼接（一）

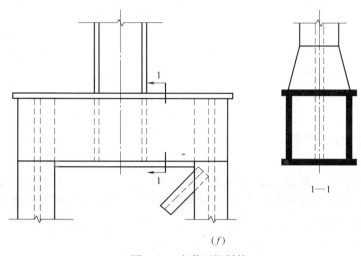

1—1

图 5-29　变截面柱拼接（二）

现以图 5-30 为例说明变截面柱偏心拼接连接详图的读图方法和步骤。

1）此柱采用的是全焊接的变截面拼接连接方式。

2）上段和下段钢柱都为热轧宽翼缘 H 型钢（用"HW"表示），上段钢柱规格为 400×300（截面高度为 400mm，宽度为 300mm），下段钢柱规格为 450×300（截面高度为 450mm，宽度为 300mm）。

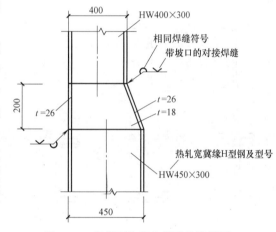

图 5-30　变截面柱偏心拼接连接详图

3）上段与下段钢柱的左翼缘对齐开坡口焊接，右翼缘错开 50mm，过渡段长度为 200mm，腹板宽度是按 1：4 的斜度（可减轻截面突变造成的应力集中）变化，翼缘对齐开坡口焊接。

4）过渡段翼缘厚度为 26mm，腹板厚度为 18mm，采用开坡口对接焊缝连接。焊缝无数字时，表示焊缝按构造要求开口。

拼接不仅要保证断开截面的强度，也要保证构件的整体刚度，包括绕截面两个主轴的弯曲刚度和绕纵轴的扭转刚度。这个原则也普遍适用于其他各类构件的拼接。

5.1.5　钢梁拼接连接

1. 钢梁的截面形式与构造要求

梁通常为受弯构件，在土木工程中应用很广泛，例如房屋建筑中的楼盖梁、工作平台梁、吊车梁、屋面檩条和墙架横梁，以及桥梁、水工闸门、起重机、海上采油平台中的梁等。

钢梁的截面形式主要有型钢梁和组合梁两大类。型钢梁构造简单，制造省工，成本较低，因而应优先采用，如图 5-31（a）～（c）所示。但在荷载较大或跨度较大时，由于轧制条件的限制，型钢的尺寸、规格不能满足梁在承载力和刚度方面的要求，就必须采用组合梁，如图 5-31（g）～（k）所示。

型钢梁的截面有热轧工字钢、热轧 H 型钢和槽钢三种，如图 5-31（a）～（c）所示，其中以 H 型钢的截面分布最合理，翼缘内外边缘平行，与其他构件连接较方便，应优先采用。用于梁的 H 型钢宜为窄翼缘型（HN 型）。槽钢因其截面扭转中心在腹板外侧，弯曲时将同时产生扭转，受荷不利，故只有在构造上使荷载作用线接近扭转中心，或能适当保证截面不发生扭转时才被采用。由于轧制条件的限制，热轧型钢腹板的厚度较大，用钢量较多。某些受弯构件（如檩条）采用冷弯薄壁型钢较经济，如图 5-31（d）～（f）所示，但防腐要求较高。

组合梁一般采用三块钢板焊接而成的工字形截面，如图 5-31（g）所示，或由 T 型钢（H 型钢剖分而成）中间加板的焊接截面，如图 5-31（h）所示。当焊接组合梁翼缘需要很厚时，可采用两层翼缘板的截面，如图 5-31（i）所示。受动力荷载的梁如钢材质量不能满足焊接结构的要求时，可采用高强度螺栓或铆钉连接而成的工字形截面，如图 5-31（j）所示。荷载很大而高度受到限制或梁的抗扭要求较高时，可采用箱形截面，如图 5-31（k）所示。组合梁的截面组成比较灵活，可使材料在截面上的分布更为合理，节省钢材。

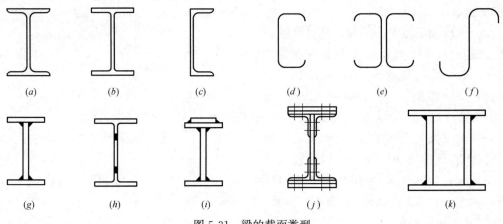

图 5-31　梁的截面类型

钢结构的梁多为轧制或焊接的 H 型钢梁，需要时也可制成复合截面。如高度受限制时，可在轧制型钢梁的最大弯矩区焊以附加翼缘板，或在轧制型钢梁的上翼缘焊上槽钢以增加横向刚度等。对高层建筑的大梁、悬臂梁或悬挂结构的悬臂梁，也可焊成箱形截面的梁。当轧制型钢不能满足设计要求时，则可选用由自动焊接的设备焊接的焊接 H 型钢或箱形截面。

钢梁可做成简支梁、连续梁、悬伸梁等。简支梁的用钢量虽然较多，但由于其制造、安装、修理、拆换较方便，而且不受温度变化和支座沉陷的影响，因而用得最为广泛。

在土木工程中，除少数情况如吊车梁、起重机大梁或上承式铁路板梁桥等可单根梁或两根梁成对布置外，通常由若干梁平行或交叉排列成梁格，如图 5-32 所示。

根据主梁和次梁的排列情况，梁格可分为三种类型。

（1）单向梁格：只有主梁，适用于楼盖或平台结构的横向尺寸较小或面板跨度较大的情况，如图 5-33（a）所示。

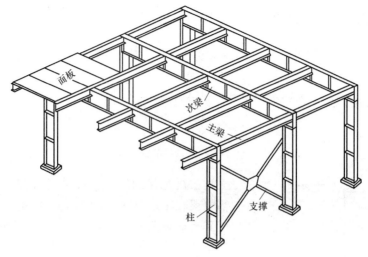

图 5-32　工作平台梁格示例

（2）双向梁格：有主梁及一个方向的次梁，次梁由主梁支承，是最为常用的梁格类型，如图 5-33（b）所示。

（3）复式梁格：在主梁间设纵向次梁，纵向次梁间再设横向次梁。复杂梁格的荷载传递层次多，构造复杂，故应用较少，只适用于荷载大和主梁间距很大的情况，如图 5-33（c）所示。

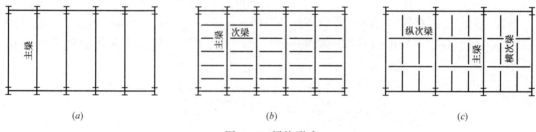

(a)　　　　　　　　　　　(b)　　　　　　　　　　　(c)

图 5-33　梁格形式

2. 梁拼接连接详图

梁与梁、支撑与梁和柱的连接，同样可用高强度螺栓连接或焊接。梁的拼接依施工条件的不同，分为工厂拼接和工地拼接两种。由于钢材尺寸的限制，必须将钢材接长或拼大，这种拼接常在工厂中进行，称为工厂拼接。由于运输或安装条件的限制，梁必须分段运输，然后在工地拼装连接，称为工地拼装。

型钢梁的拼接可采用对接焊缝连接，如图 5-34（a）所示，但由于翼缘和腹板处不易焊透，故有时采用拼板拼接，如图 5-34（b）所示。上述拼接位置均宜放在弯矩较小的地方。

焊接组合梁的工厂拼接是因为钢材规格或现有钢材尺寸受到限制而做的拼接，翼缘和腹板拼接位置最好错开，用直对接焊缝连接，并应与加劲肋和连接次梁的位置错开，以避免焊缝集中。腹板的拼接焊缝与横向加劲肋之间至少应相距 $10t_w$，如图 5-35 所示。工厂制造时，常先将梁的翼缘板和腹板分别接长，然后再拼装成整体，这样可以减少梁的焊接应力。翼缘和腹板的拼接焊缝一般都采用正面对接焊缝，在施焊时用引弧板。对接焊缝施焊时宜加引弧板，并采用一级和二级焊缝。这样焊缝基本可与金属等强。

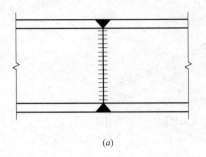
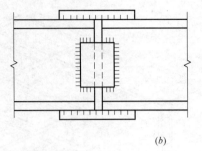
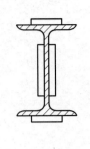

(a)　　　　　　　　　　　　(b)

图 5-34　型钢梁的拼接

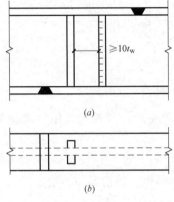

(a)

(b)

图 5-35　组合梁的工厂拼接

　　工地拼接是受到运输或安装条件限制而做的拼接。此时需将梁在工厂分成几段制作，然后再运往工地。对于仅受到运输条件限制的梁段，可以在工地地面上拼装，焊接成整体，然后吊装；对于受到吊装能力限制而分成的梁段，则必须分段吊装，在高空进行拼接和焊接。工地拼接一般应使翼缘和腹板在同一截面或接近于同一截面处断开，梁段比较整齐，以便于分段运输。高大的梁在工地施焊时不便翻身，应将上、下翼缘的拼接边缘均做成向上开口的 V 形坡口，以便施焊，如图 5-36（a）所示。而将翼缘和腹板的接头略为错开一些，如图 5-36（b）所示，这样受力情况较好，可以避免焊缝集中在同一截面。但在运输过程中，单元突出部分必须特别保护，防止碰撞损坏。将翼缘焊缝留一段不在工厂施焊，是为了减少焊缝收缩应力。图 5-36 中注明的数字是工地施焊的适宜顺序。

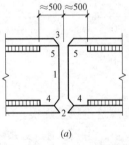
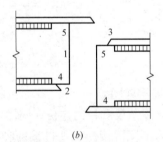

(a)　　　　　　　　　　　　(b)

图 5-36　组合梁的工地拼接

　　由于现场施焊条件较差，焊缝质量难以保证，对于铆接梁和较重要的或受动力荷载作用的焊接大型梁，其工地拼接常采用高强度螺栓连接，如图 5-37 所示。

　　现以图 5-38 为例说明门式刚架斜梁拼接连接详图的读图方法和步骤。

　　（1）此钢梁间的连接采用螺栓连接方式，节点处传递弯矩，为刚性连接。

　　（2）两支钢梁均为焊接 H 型钢（用"H"表示），

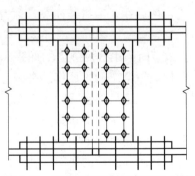

图 5-37　采用高强度螺栓的工地拼接

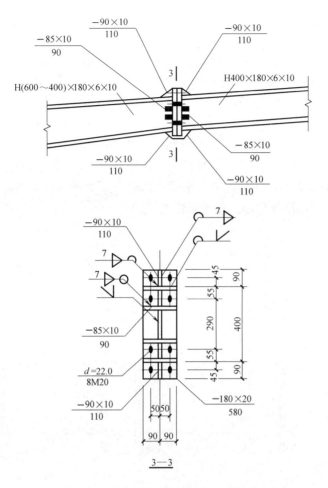

图 5-38 门式刚架斜梁拼接连接详图

左边钢梁的规格为 $(600\sim400)\times180\times6\times10$（截面为变截面，高度由 600mm 变为 400mm，翼板宽度为 180mm，厚度为 6mm，腹板厚度为 40mm）；右边钢梁的规格为 $400\times180\times6\times10$（截面高度为 400m，翼板宽度为 180mm，厚度为 6mm，腹板厚度为 10mm）。

（3）由 3—3 剖面详图可以看出，两支梁的连接板的长度为 580mm，宽度为 180mm，厚度为 20mm。

（4）根据图中的标注可知，梁翼板上加强筋的长度为 110mm，宽度 90mm，厚度为 10mm；梁腹板上加强筋的长度为 90mm，宽度为 85mm，厚度为 10mm。

（5）螺栓孔用"♦"表示，说明此连接处采用高强度螺栓摩擦型连接，共需用 8 个，直径为 20mm（连接板孔径为 22mm），栓距可由 3-3 剖面详图依次读出。

（6）焊缝符号"⌒7▷"表示所指示位置的焊缝为双面角焊缝，焊缝尺寸为 7mm。圆弧用相同的焊缝符号，表示与所指示位置截面和构造相同的位置均采用此种焊缝。

（7）焊缝符号"⌒∠"表示所指示位置（翼板）为带 V 形坡口的对接焊缝，并加注了相同焊缝符号，焊缝无数字标注，表示按构造要求开口。

5.1.6　梁柱连接

梁柱连接形式多种多样,按连接方法分为螺栓、焊接和混合连接;按转动刚度的不同,可分为柔性连接(铰接)、刚接和半刚接三类。

如图 5-39 所示,给出了八种不同的连接构造,其中用两段 T 形钢连接的转动刚度最大,可认为是刚性连接,如图 5-39(a)所示。用端板连接的,如图 5-39(b)、(c)所示,刚度次之;梁上下翼缘用角钢或角钢和钢板连于柱者,如图 5-39(d)、(e)所示,刚度再次之,这四种连接可认为是半刚性的。但图 5-39(c)所示的连接端板足够厚时,可以作为刚性连接。仅将梁腹板用单角钢、双角钢或端板连于柱的,如图 5-39(f)、(g)、(h)所示,转动刚度很小,属于柔性连接。

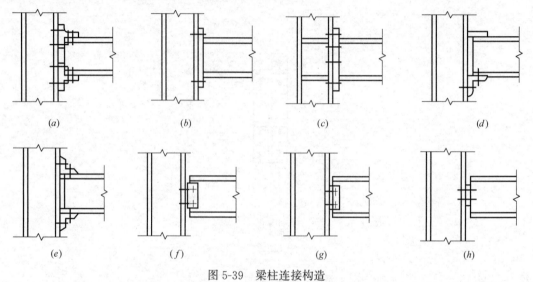

图 5-39　梁柱连接构造

梁柱刚性连接可以做成完全焊接、栓接及栓焊混合连接,如图 5-40 所示。完全焊接时,梁翼缘用剖口焊缝连于柱翼缘。为保证焊透,施焊时梁翼缘下面需设小衬板,衬板反面与柱翼缘相接处宜用角焊缝补焊。为施焊方便,梁腹板还要切去两角。全焊连接构造简单,但安装精度及焊缝质量要求很高。同时这种构造使柱翼缘在其厚度方向受拉,容易造成层间撕裂。

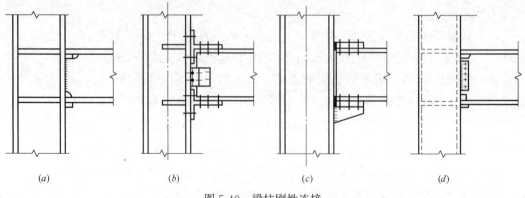

图 5-40　梁柱刚性连接

四块板焊成的箱形截面柱和梁的连接可以采用和图 5-40（a）类似的全焊连接。柱内宜在梁上下翼缘平面设置横隔板，如图 5-40（d）所示，构件制作时，横隔板可以和柱的三块壁板先焊起来，和第四块壁板的连接只能从外面用熔化嘴电渣焊来解决。

梁柱的柔性连接只能承受很小的弯矩，这种连接是为了实现简支梁的支承条件。

现以图 5-41 为例说明门式刚架梁与边柱刚性连接节点详图的读图方法和步骤。

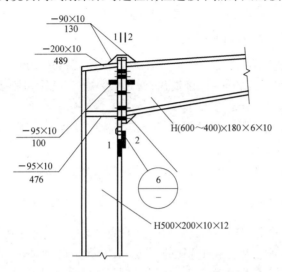

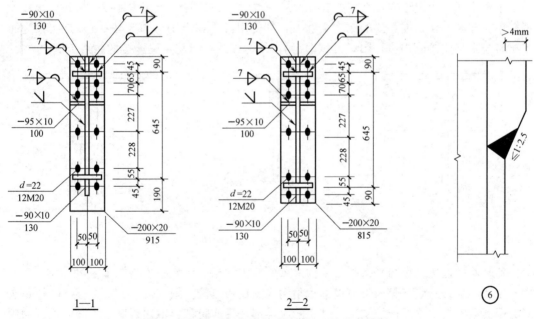

图 5-41　门式刚架梁与边柱刚性连接节点详图

（1）该节点使用全螺栓连接，节点处传递弯矩，为刚性连接。

（2）钢柱为焊接 H 型钢（用"H"表示），规格是 500×200×10×12（截面高度是 500mm，宽度是 200mm，腹板厚度是 10mm，翼板厚度是 12mm）。

（3）钢梁为焊接 H 型钢（用"H"表示），规格是（600～400）×180×6×10（截面

为变截面，高度由600mm变为400mm，宽度是180mm，腹板厚度是6mm，翼板厚度是10mm）。

（4）由"1—1"剖面详图可以知道，柱上连接板的规格是200×20（宽度是200mm，厚度是20mm），长度是915mm，连接板孔直径是22mm，孔距可根据标注知道。两端翼板上加劲肋规格是90×10，长度是130mm，腹板上的加劲肋规格是95×10，长度是100mm。"⌒7▷"、表示焊缝为双面角焊缝，焊件两边焊缝尺寸相同，焊缝厚度是7mm；"┐◡┌"表示腹板按构造要求开坡口。

（5）由"2—2"剖面详图可以知道，梁上连接板的规格是200×20（宽度是200mm，厚度是20mm），长度是815mm，连接板孔直径是22mm，孔距可根据标注知道。加劲肋规格和焊缝符号表示含义同上。

（6）由详图"⑥"可以看出，柱翼缘板与连接板厚度相差大于4mm时，需要从一侧做成坡度不大于1：2.5的斜角。

（7）此节点处使用了12个直径为20mm的高强度螺栓连接。

5.1.7　主次梁侧向连接

主次梁相互连接的构造与次梁的计算简图有关。次梁可以简支于主梁，也可以在和主梁连接处做成连续的。根据主次梁相对位置的不同，连接构造可以区分为叠接和侧面连接。

（1）叠接是将次梁直接搁在主梁上，用螺栓或焊缝连接，构造简单，无须计算。为避免主梁腹板局部压力过大，在主梁相应位置应设支承加劲肋防止支承处截面扭转。叠接构造简单、安装方便，但需要的结构高度大，其使用常受到限制。图5-42（a）是次梁为简支梁时与主梁连接的构造，图5-42（b）是次梁为连续梁时与主梁连接的构造示例。

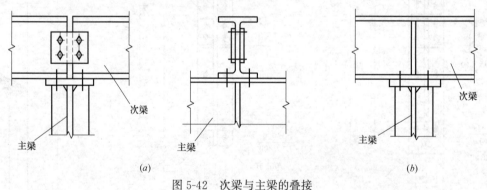

图5-42　次梁与主梁的叠接

（2）侧面连接（也叫平接）是使次梁顶面与主梁相平或略高、略低于主梁顶面，从侧面与主梁的加劲肋或在腹板上专设的短角钢或支托相连接。图5-43（a）、（b）、（c）是次梁为简支梁时与主梁连接的构造，其中的次梁都是只连腹板，不连翼缘，不同的是有的用连接角钢，有的用连接板或利用主梁加劲肋。图5-43（a）的主次梁用螺栓连接，需将次梁上翼缘局部切除，以利于次梁就位。图5-43（d）是次梁为连续梁时与主梁连接的构造。在次梁下面设有承托钢板，可便于安装。承托钢板虽然能够传递次梁的全部支座压力，但为了提供扭转约束，次梁腹板上部还需要有连接角钢，可只在一侧设置。焊接方案则是次梁支承在主梁的支托上。次梁的上翼缘设置连接板，下翼缘的连接板由支托平板代替，通过平板与主梁间焊缝传力。侧面连接（平接）虽然构造复杂，但可降低结构高度，故在实际工程中应用较广泛。

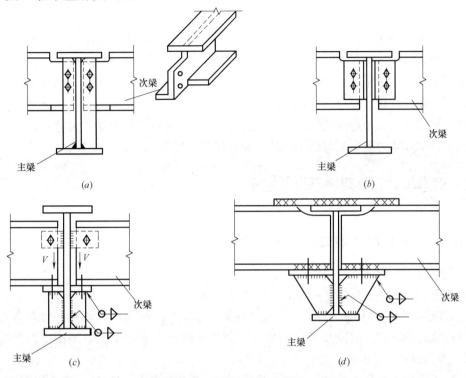

图 5-43　次梁与主梁的平接

每一种连接构造都要将次梁支座的压力传给主梁，实质上这些支座压力就是梁的剪力。而梁腹板的主要作用是抗剪，所以应将次梁腹板连于主梁的腹板上，或连于与主梁腹板相连的铅垂方向抗剪刚度较大的加劲肋上或支托的竖直板上。

现以图 5-44 为例，说明带角撑的主次梁连接节点详图的读图方法和步骤。

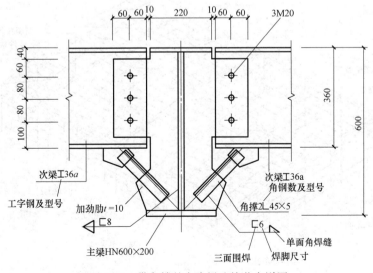

图 5-44　带角撑的主次梁连接节点详图

（1）主次梁采用螺栓焊连接，节点处传递部分弯矩，为半刚性连接。

（2）主梁为热轧窄翼缘 H 型钢（用"HN"表示），规格为 600×200（截面高度为 600mm，宽度为 200mm）。

（3）"I36a"表示次梁为热轧普通工字钢，截面类型为 a 类，截面高度 360mm。

（4）用普通螺栓连接，每侧有 3 个，直径为 20mm，栓距为 80mm。

（5）加劲肋与主梁翼缘和腹板采用焊缝连接，焊缝符号"◁⊏8"表示焊缝为三面围焊的双面角焊缝，焊缝厚度为 8mm。

（6）角撑采用两根型号为L45×5 的等边角钢，它与加劲肋采用焊缝连接，焊缝符号"⊏6⌐"表示焊缝为三面围焊的单面角焊缝，焊缝厚度为 6mm。

5.2　轻型门式刚架图识图诀窍

5.2.1　轻型单层门式刚架的组成及特点

1. 轻型单层门式刚架的组成

轻型单层门式刚架结构是一种轻型房屋结构体系。

（1）以轻型焊接 H 型钢（等截面或变截面）、热轧 H 型钢（等截面）或者冷弯薄壁型钢等构成的实腹式门式刚架或者是格构式刚架作为主要承重骨架，采用冷弯薄壁型钢（槽形、卷边槽形、Z 形等）做檩条、墙梁。

（2）采用聚苯乙烯泡沫塑料、硬质聚氨酯泡沫塑料、岩棉、矿棉、玻璃棉等作为保温隔热材料并且适当给予设置支撑。

（3）采用压型金属板（压型钢板、压型铝板）做屋面、墙面。

2. 单层轻型钢结构房屋的组成

单层轻型钢结构房屋的组成如图 5-45、图 5-46 所示。

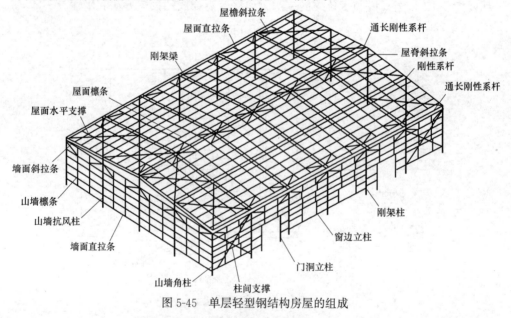

图 5-45　单层轻型钢结构房屋的组成

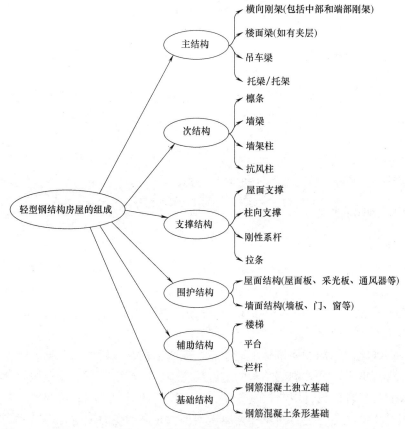

图 5-46 轻型钢结构房屋的组成框图

3. 单层轻型钢结构房屋的分类

(1) 按构件体系 有实腹式与格构式。实腹式刚架的截面通常为工字形；格构式刚架的横截面为矩形或者三角形。

(2) 按截面形式 有等截面和变截面。等截面通常用于跨度不大、高度较低或有吊车的刚架；变截面通常用于跨度较大或高度较高的刚架。

(3) 按结构选材 有普通型钢、薄壁型钢、钢管或者钢板组焊。

4. 门式刚架的各种建筑尺寸

门式刚架的高度：地坪至柱轴线与斜刚架梁轴线交点的高度，按照使用要求的室内净高确定。无吊车时，高度一般为 4.5~9m；有吊车时应根据轨顶标高和吊车净空要求确定，通常为 9~12m。

门式刚架的跨度：取横向刚架柱轴线间的距离；门式刚架的跨度为 9~36m，以 3m 为模数，必要时也有采用非模数跨度的。当边柱宽度不等时，外侧应对齐。挑檐长度按照使用要求确定，通常为 0.5~1.2m。

门式刚架的柱距：宜为 6m，也可以采用 7.5m 或 9m，最大可到 12m，门式刚架跨度较小时，也可以采用 4.5m。多跨刚架局部抽柱的地方，通常设置有托梁。

门式刚架的最大高度：地坪至房屋顶部檩条上缘的高度。

门式刚架的檐口高度：地坪至房屋外侧檩条上缘的高度。

门式刚架的房屋宽度：房屋侧墙墙梁外皮之间的距离。

门式刚架的房屋长度：房屋两端山墙墙梁外皮之间的距离。

门式刚架的屋面坡度：宜取 1/20～1/8，在雨水较多地区应当取较大值，挑檐的上翼缘坡度宜与横梁坡度一致。

门式刚架的轴线：通常取通过刚架柱下端中心的竖向直线；工业建筑边刚架柱的定位轴线一般取刚架柱外皮；斜刚架梁的轴线一般取通过变截面刚架梁最小段中心与斜刚架梁上表面平行的轴向。

温度区段长度：门式刚架轻型房屋的屋面和外墙均采用压型钢板时，它的温度区段长度通常纵向区段为 300m，横向温度区段为 150m。

5.2.2　门式刚架的特点

1. 结构自重轻

围护结构由于采用压型金属板、玻璃棉及冷弯薄壁型钢等材料组成，屋面、墙面的质量都很轻，因此支撑它们的门式刚架也很轻。根据国内的工程实例统计，单层门式刚架房屋承重结构的用钢量一般为 $10～30kg/m^3$；在相同的跨度和荷载条件情况下，自重仅为钢筋混凝土结构的 $1/30～1/20$。

因为单层门式刚架结构的质量轻，地基的处理费用相对较低，所以基础尺寸也相对较小。在相同地震烈度下，门式刚架结构的地震反应小，通常情况下，地震作用参与的内力组合对刚架梁、柱杆件的设计不起控制作用。但是风荷载对门式刚架结构构件的受力影响较大，风荷载产生的吸力可能会使屋面金属压型板、檩条的受力反向，当风荷载较大或者房屋较高时，风荷载可能是刚架设计的控制荷载。

2. 综合经济效益高

门式刚架结构由于材料价格的原因，其造价虽然比钢筋混凝土结构等其他结构形式略高，但由于构件采用先进自动化设备生产制造，原材料的种类较少，易于采购，便于运输，所以门式刚架结构的工程周期短，资金回报快，投资效益高。

3. 工业化程度高，施工周期短

门式刚架结构的主要构件和配件均为工厂制作，质量易于保证，工地安装方便。除了基础施工外，现场基本上能达到无湿作业，所需要的现场施工人员也较少。而由于各构件之间的连接多采用高强度螺栓连接，这也是可以安装迅速的一个重要原因。

4. 支撑体系轻巧

门式刚架体系的整体性可以依靠檩条、墙梁及隅撑来保证，从而减少了屋盖支撑的数量，同时支撑多用张紧的圆钢做成，很轻便。门式刚架的梁、柱多采用变截面杆，可以节省材料。刚架柱可以为楔形构件，梁则由多段楔形杆组成。

5. 柱网布置比较灵活

传统的结构形式由于受屋面板、墙板尺寸的限制，柱距多为 6m，当采用 12m 柱距时，需要设置托架及墙架柱，而且门式刚架结构的围护体系采用金属压型板，因此柱网布置可以不受建筑模数限制，柱距大小主要按照使用要求和用钢量最省的原则来确定。

5.2.3 门式刚架施工图的识图方法

1. 结构设计说明及其识图方法

（1）工程概况 结构设计说明中的工程概况主要用来介绍本工程的结构特点，例如建筑物的柱距、跨度、高度等结构布置方案，以及结构的重要性等级等内容。

（2）设计依据 设计依据包括与工程设计合同书有关的设计文件、岩土工程报告、设计基础资料和有关设计规范及规程等内容。对于施工人员来讲，有必要了解这些资料，甚至有些资料例如岩土工程报告等，还是施工时的重要依据。

（3）设计荷载资料 设计荷载资料主要包括：各种荷载的取值、抗震设防烈度和抗震设防类别等。对于施工人员来讲，尤其要注意各结构部位的设计荷载取值，在施工时千万不能超过这些设计荷载，否则可能造成危险事故。

（4）材料的选用 材料的选用主要是对各部分构件选用的钢材按主次分别提出钢材质量等级和牌号、性能的要求，以及相应钢材等级性能选用配套的焊条和焊丝的牌号与性能要求、选用高强度螺栓和普通螺栓的性能级别等。这是施工人员尤其要注意的，这对于后期材料的统计与采购都起着至关重要的作用。

（5）制作安装 制作安装主要包括制作的技术要求以及允许偏差、螺栓连接精度和施拧要求、焊缝质量要求和焊缝检验等级要求、防腐和防火措施、运输和安装要求等。此项内容可整体作为一个条目编写，也可分条目编写。这一部分内容是设计人员提出的施工指导意见和特殊要求，作为施工人员，必须在施工过程中认真贯彻。

对于初学者，在阅读"结构设计说明"时，应该做好必要的笔记，主要记录与工程施工有关的重要信息，例如结构的重要性等级、抗震设防烈度及类别、主要材料的选用和性能要求、制作安装的注意事项等。这样做，一方面便于对这些信息的集中掌握；另一方面，还方便读者对图纸进行前后对比。

2. 基础平面布置图及基础详图的识图方法

基础平面布置图主要通过平面图的形式反映建筑物基础的平面位置关系和平面尺寸。对于轻钢门式刚架结构，在较好的地质情况下，基础形式一般采用柱下独立基础。在平面布置图中，一般标注有基础的类型和平面的相关尺寸，若需要设置拉梁，也一并在基础平面布置图中标出。

由于门式刚架的结构单一，柱脚类型较少，相应基础的类型也不多，所以往往把基础详图和基础平面布置图放在一张图纸上（若基础类型较多，可考虑将基础详图单列一张图纸）。基础详图往往采用水平局部剖面图和竖向剖面图来表达，图中主要标明各种类型基础的平面尺寸和基础的竖向尺寸，以及基础的配筋情况等。

阅读基础平面布置图及其详图时，还需要特别注意以下两点：

（1）图中写出的施工说明，通常涉及图中不方便表达的或没有具体表达的部分，所以读图者一定要特别注意。

（2）观察每一个基础与定位轴线的相对位置关系，最好同时看一下柱子与定位轴线的关系，从而确定柱子与基础的位置关系，以保证安装的准确性。

3. 柱脚锚栓布置图及其识图方法

柱脚锚栓布置图的形成方法是先按一定比例绘制柱网平面布置图，再在该图上标注出各个钢柱柱脚锚栓的位置，即相对于纵横轴线的位置尺寸，在基础剖面图上标出锚栓空间位置高程，并标明锚栓规格数量及埋设深度。

在阅读柱脚锚栓布置图时，需要注意以下几个方面的问题：

（1）通过对锚栓平面布置图的阅读，根据图纸的标注能够准确地对柱脚锚栓进行水平定位。

（2）通过对锚栓详图的阅读，掌握与锚栓有关的一些竖向尺寸，主要有锚栓的直径、锚栓的锚固长度、柱脚底板的标高等。

（3）通过对锚栓布置图的阅读，可以对整个工程的锚栓数量进行统计。

4. 支撑布置图的主要内容

（1）明确支撑的所处位置和数量　门式刚架结构中，并不是每一个开间都要设置支撑，若要在某开间内设置，往往将屋面支撑和柱间支撑设置在同一开间，从而形成支撑桁架体系。所以，需要首先从图中明确支撑系统到底设在了哪几个开间，此外还需要知道每个开间内共设置了几道支撑。

（2）明确支撑的起始位置　对于柱间支撑需要明确支撑底部的起始高程和上部的结束高程；对于屋面支撑，则需要明确其起始位置与轴线的关系。

（3）支撑的选材和构造做法　支撑系统主要分为柔性支撑和刚性支撑两类。柔性支撑主要指圆钢截面，它只能承受拉力；刚性支撑主要指角钢截面，既可以受拉也可以受压。此处可以根据详图来确定支撑截面，以及它与主刚架的连接做法和支撑本身的特殊构造。

5. 檩条布置图及其识图方法

檩条布置图主要包括屋面檩条布置图和墙面檩条（墙梁）布置图。屋面檩条布置图主要表明檩条间距、编号以及檩条之间设置的直拉条布置、斜拉条布置和编号。另外还有隔撑的布置和编号；墙面檩条布置图，往往按墙面所在轴线分类绘制，每个墙面的檩条布置图的内容与屋面檩条布置图的内容相似。

6. 主刚架图及节点详图的识图方法

门式刚架通常采用变截面，所以要绘制构件图以便表达构件外形、几何尺寸以及构件中杆件的截面尺寸；门式刚架图可利用对称性绘制，主要标注其变截面柱和变截面斜梁的外形和几何尺寸、定位轴线和标高，以及柱截面与定位轴线的相关尺寸等。一般根据设计的实际情况，不同种类的刚架均应含有此图。

在相同构件的拼接处、不同构件的连接处、不同结构材料的连接处以及需要特殊交代清楚的部位，通常需要用节点详图予以详细说明。节点详图在设计阶段应表示清楚各构件间的相互连接关系及其构造特点，节点上应标明在整个结构上的相关位置，即应标出轴线编号、相关尺寸、主要控制标高、构件编号或截面规格、节点板厚度以及加劲肋做法。构件与节点板焊接连接时，应标明焊脚尺寸及焊缝符号。构件采用螺栓连接时，应标明螺栓的种类、直径和数量。

对于一个单层单跨的门式刚架结构，其主要节点详图包括梁柱节点详图、梁梁节点详图、屋脊节点详图以及柱脚详图等。

在阅读详图时，应该先明确详图所在结构的位置，包括以下两种方法：

（1）根据详图上所标的轴线和尺寸进行位置的判断；

（2）利用前面讲过的索引符号和详图符号的对应性来判断详图的位置。

明确相关位置后,要弄清图中所画的是什么构件,它的截面尺寸是多少;接下来,要清楚为实现连接需加设哪些连接板件或加劲板件;最后,了解构件之间的连接方法。

阅读工程图的最终目的是要对整个工程从整体到细节有一个完整的认识。上述介绍了每张图纸的具体图示内容和识图方法,这对工程细节的把握是有帮助的,但是要对工程形成一个整体的认识,更快地熟悉整套工程图纸,在进行施工图的阅读时还应注意读图的顺序,如图5-47所示。

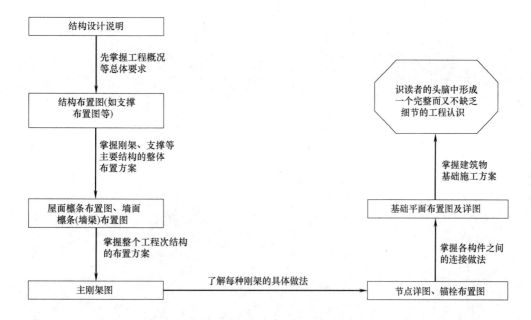

图 5-47 轻钢门式刚架结构施工图读图流程图

现以图 5-48 为例说明刚架详图的读图方法和步骤。

(1) 该图为 GJ-1 详图,门式刚架是由变截面实腹钢柱和变截面实腹钢梁组成的。

(2) 跨度为 25m,檐口高度为 3.6m。

(3) 房屋的坡度为 1:10。

(4) 此刚架有两根柱子和两根梁组成为对称结构,梁与柱之间的连接为钢板拼接,柱子下段与基础为铰接。

(5) 钢柱的截面为 (300~600)×200×8×10,梁的截面为 (400~650)×200×6×10。

(6) 从屋脊处第一道檩条与屋脊线的距离为 351,依次为 1500,900,957。墙面无檩条为砖墙。

(7) 1—1 为边柱柱底脚剖面图,柱底板为−350×280×20,长度 350,宽度 280,厚度 20。M25 指地脚螺栓为 φ25,D=30 指开孔的直径为 30,−80×80×20 指垫板的尺寸,−127×200×10 指加筋肋的尺寸。

(8) 2—2 为梁柱连接剖面,连接板的尺寸为−850×240×20,厚度为 20mm,共 14 个 M20 螺栓,孔径为 22mm,加筋肋的厚度为 10mm。

(9) 3—3 为屋脊处梁与梁的连接板,板的厚度为 20mm,共有 10 个螺栓,水平间距为 120mm。

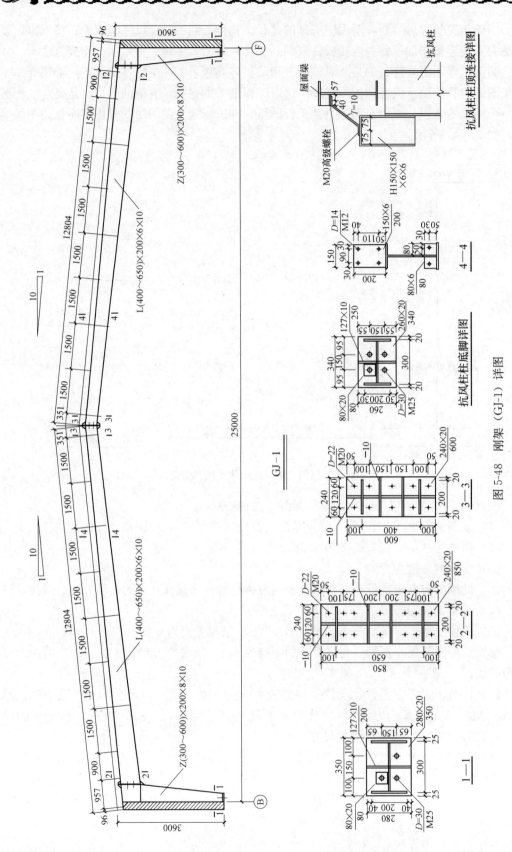

图 5-48　刚架（GJ-1）详图

（10）4—4 为屋面梁的剖面，−200×150×6 是檩托板的尺寸，有 4 个 M12 螺栓，孔径为 14mm，−80×80×6 是隅撑板的尺寸，孔径为 14mm。

（11）抗风柱柱顶连接详图，屋面梁与抗风柱之间用 10mm 厚弹簧片连接，共用 4 个 M20 的高强度螺栓。

5.3　多层及高层钢结构图识图诀窍

5.3.1　多层及高层钢结构的类型

1. 多层结构房屋

（1）框架体系　框架结构是最早应用于高层建筑的结构形式，柱距宜控制在 6～9m 范围内，次梁间距一般以 3～4m 为宜，如图 5-49 所示。

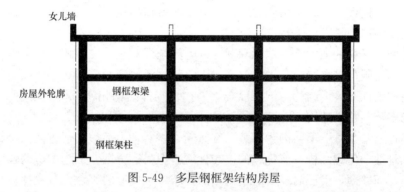

图 5-49　多层钢框架结构房屋

框架结构的主要优点：平面布置较灵活，刚度分布均匀，延性较大，自振周期较长，对地震作用不敏感。

（2）斜撑体系　框架结构上设置适当的支撑或剪力墙，用于地震区时，具有双重设防的优点，可以应用于 40～60 层的高层建筑。结构及受力特点如下。

1）外筒体采用密排框架柱和各层楼盖处的深梁刚接，形成一个悬臂筒（竖直方向）以承受侧向荷载。

2）内部设置剪力墙式的内筒，和其他竖向构件主要承受竖向荷载。

3）同时设置刚性楼面结构作为框筒的横隔。

2. 高层钢结构的体系

高层钢结构的结构体系主要包括框架体系、框架-支撑（剪力墙板）体系、筒体体系、巨型框架体系。

（1）框架体系　框架体系是沿房屋纵、横方向由多榀平面框架构成的结构。这类结构的抗侧向荷载的能力主要决定于梁柱构件和节点的强度与延性，故节点经常采用刚性连接。

（2）框架-支撑体系　框架-支撑体系是在框架体系中，沿结构的纵、横两个方向均匀布置一定数量的支撑所形成的结构体系。支撑体系的布置由建筑要求及结构功能来确定。

支撑类型的选择与是否抗震有关，也与建筑物的层高、柱距以及建筑使用要求有关。

1）中心支撑。中心支撑是指斜杆、横梁及柱交汇于一点的支撑体系，或者两根斜杆与横梁交汇于一点,也可以与柱交汇于一点,但是交汇时都没有偏心距。

2) 偏心支撑。偏心支撑是指支撑斜杆的两端,至少有一端与梁相交(不在柱节点处),另一端可以在梁与柱交点处连接,或者偏离另一根支撑斜杆一段长度与梁连接,并且在支撑斜杆杆端与柱之间构成一耗能梁段,或者是在两根支撑与杆之间构成一耗能梁段的支撑。

(3) 筒体体系 筒体体系可以分为框架筒、桁架筒、筒中筒及束筒等体系。

(4) 框架-剪力墙板体系 框架-剪力墙板体系是以钢框架为主体,并且配置一定数量的剪力墙板。剪力墙板的主类型包括:钢板剪力墙板,内藏钢板支撑剪力墙墙板,带竖缝钢筋混凝土剪力墙板。

(5) 巨型框架体系 巨型框架体系包括柱距较大的立体桁架梁柱及立体桁架梁。

5.3.2 多层及高层钢结构的特点

钢结构是用钢板、热轧型钢或者冷加工成型的薄壁型钢制造而成的。与其他建筑材料的结构相比,钢结构具有以下特点。

(1) 选用的材料的强度高,塑性和韧性好。钢与混凝土、砌体相比,虽然质量密度较大,但是它的屈服点较混凝土和木材要高得多,其质量密度与屈服点的比值相对较低。在承载力相同的条件下,钢结构与钢筋混凝土结构、砌体结构相比,构件较小,重量较轻,便于运输和安装。特别适用于跨度大或者是荷载很大的构件和结构。

钢结构在通常条件下不会因为超载而突然断裂,对动力荷载的适应性强。具有良好的吸收能力和延性,使钢结构具有优越的抗震性能。但另一方面,因为钢材的强度高,做成的构件截面小而壁薄,受压时需要满足稳定的要求,强度有时无法充分发挥。

(2) 选用的材质均匀,与力学计算的假定比较符合。钢材内部组织比较接近于匀质和各向同性,并且在一定的应力幅度内几乎是完全弹性,弹性模量大,有良好的塑性和韧性,为理想的弹塑性体。所以,钢结构的实际受力情况和工程力学计算结果比较符合。钢材在冶炼和轧制过程中质量可以得到严格控制,材质波动范围小。

(3) 钢结构的重量轻。钢材的密度虽比混凝土等建筑材料大,但是钢结构却比钢筋混凝土结构轻,因为钢材的强度与密度之比要比混凝土大得多。以相同的跨度承受同样荷载,钢屋架的重量最多不超过钢筋混凝土屋架的 1/4~1/3,冷弯薄壁型钢屋架甚至接近1/10,为吊装提供了方便条件。对于需要长距离运输的结构构件,例如建造在交通不便的山区和边远地区的工程,重量轻也是一个重要的有利条件。

(4) 钢结构制造简便,施工周期短。钢结构所用的材料单纯而且是成材,加工比较简便,并且能够使用机械操作。钢结构生产具备大批件生产和高度准确性的特点,大量的钢结构构件通常在专业化的金属结构工厂制作,按照工地安装的施工方法拼装,因此它的生产作业面多,可以缩短施工周期,从而为降低造价、提高效益创造条件。对于已经建成的钢结构,也比较容易进行改建和加固,用螺栓连接的结构还可以依据需要进行拆移。

(5) 具有一定的耐热性。温度在 250℃ 以内,钢的性质变化很小,温度达到 300℃ 以上,强度逐渐下降,达到 450~650℃ 时,强度降为零。所以,钢结构可用于温度不高于250℃的场合。在自身有特殊防火要求的建筑中,钢结构必须用耐火材料加以维护。当防火设计不当或者因为防火层处于破坏的状况下,极有可能产生灾难性的后果。钢材长期经受 100℃ 辐射热时, 强度没有多大变化, 具有一定的耐热性能, 但是当温度达 150℃ 以上时, 就须用隔热层加以保护。例如, 利用蛭石板、蛭石喷涂层或石膏板等加以防护。

(6) 钢结构抗腐蚀性较差。钢结构的最大缺点是易于腐蚀。新建造的钢结构一般都需要仔细除锈、镀锌或者是刷涂料, 以后隔一定时间又要重新刷涂料, 维护费用较钢筋混凝土和砌体结构高。目前, 国内外正在发展不易锈蚀的耐候钢, 具有较好的抗锈性能, 已经得到逐步推广应用, 可以大量节省维护费用并取得了良好的效果。

5.3.3 多层及高层钢结构的支撑构造

1. 水平支撑

水平支撑如图 5-50 所示。

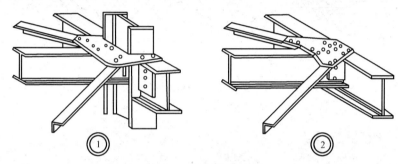

图 5-50 楼盖水平支撑

2. 竖向支撑

竖向支撑包括偏心支撑和中心支撑, 如图 5-51 和图 5-52 所示。布置方法可以在建筑物纵向的一部分柱间布置, 也可以在横向或纵横两向布置; 在平面上可以沿外墙布置, 也可以沿内墙布置。

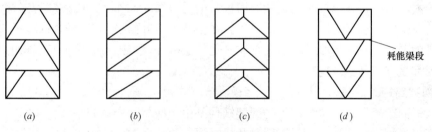

图 5-51 偏心支撑框架
(a) 门架式; (b) 单斜杆; (c) 人字形斜杆; (d) V 形斜杆

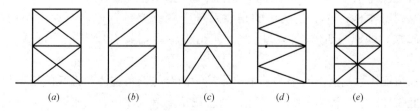

图 5-52 中心支撑框架
(a) 十字交叉斜杆; (b) 单斜杆; (c) 人字形斜杆; (d) K 形斜杆; (e) 跨层跨柱设置

5.4 网架、网壳工程图识图诀窍

5.4.1 网架结构形式及网架支撑形式

1. 网格结构定义

网格结构是采用多根杆件按照某种有规律的几何图形通过节点连接起来的空间结构。网格结构可以分为网架和网壳，如图 5-53 所示。

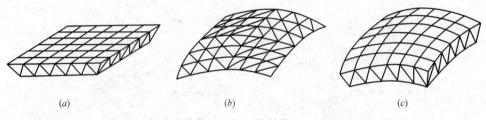

图 5-53 网格结构

（a）网架；（b）单层网壳；（c）双层网壳

网架——平板型，双层网架、多层网架。

网壳——曲面型，单层网壳、双层网壳、多层网壳。

2. 网壳与网架本质的区别

网壳空间受力，单层为刚接节点，也可以分为双层、多层壳；网架以铰接点来传递荷载。

如果从几何拓扑方面来说，可以理解为：网架是板的格构化形式，网壳是壳的格构化形式。网架不一定就是平面的，也可以是曲面的，关键是它的厚跨比。若网架的厚（高）跨比比较大，具有板（包括平面板和曲面板）的受力性能，那么仍旧称之为网架。而壳体一般是比较薄的，也就是说，厚跨比很小，在整体受力方面接近于壳的特性，这时称其格构化形式为网壳。网壳一般是曲面的，尤其是单层网壳，否则不好保证其结构的几何不变性。两者都是空间网格结构。

3. 网架结构的形式

（1）平面桁架形式 这个体系的网架结构是由一些相互交叉的平面桁架组成，通常应该使斜腹杆受拉，竖杆受压，斜腹杆与弦杆之间夹角宜在 40°～60°。该体系的网架有以下四种，如图 5-54 所示。

（2）四角锥体系 四角锥体系网架的上、下弦均呈正方形（或接近正方形的矩形）网格，相互错开半格，使下弦网格的角点对准上弦网格的形心，再在上下弦节点间用腹杆连接起来，即形成四角锥体系网架。四角锥体系网架有以下几种形式，如图 5-55 所示。

（3）三角锥体系 这类网架的基本单元是一倒置的三角锥体。锥底的正三角形的三边为网架的上弦杆，它的棱为网架的腹杆。随着三角锥单元体布置的不同，上下弦网格可以是正三角形或六边形，从而构成不同的三角锥网架。三角锥体系网架有以下几种形式，如图 5-56 所示。

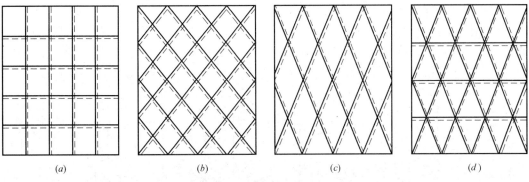

图 5-54　平面桁架形式的网架

（*a*）两向正交正放网架；（*b*）两向正交斜放网架；（*c*）两向斜交斜放网架；（*d*）三向网架

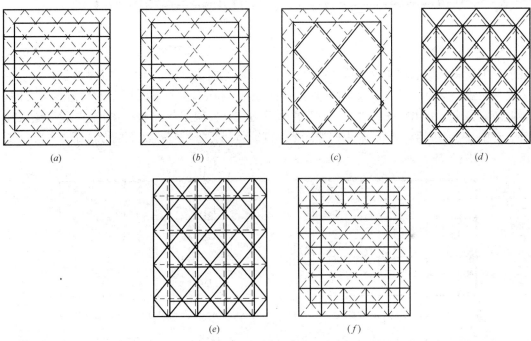

图 5-55　四角锥体系网架

（*a*）正放四角锥网架；（*b*）正放抽空四角锥网架；（*c*）棋盘形四角锥网架；

（*d*）星形四角锥网架；（*e*）斜放四角锥网架；（*f*）折线形四角锥网架

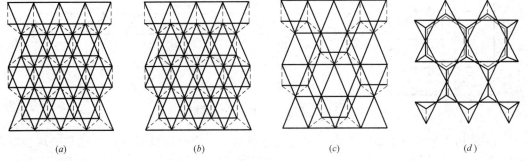

图 5-56　三角锥体系网架

（*a*）三角锥网架；（*b*）抽空三角锥网架（Ⅰ）；（*c*）抽空三角锥网架（Ⅱ）；（*d*）蜂窝形三角锥网架

（4）网架支撑形式

1）周边支撑。周边支撑网架是目前采用较多的一种形式，所有边界节点都搁置在柱或梁上，传力直接，网架受力均匀。当网架周边支撑于柱顶时，网格宽度可与柱距一致；当网架支撑于圈梁时，网格的划分比较灵活，可以不受柱距影响，如图 5-57 所示。

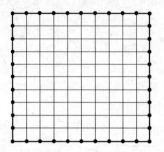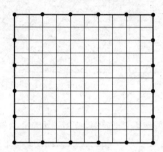

图 5-57　周边支撑形式

2）三边支撑，一边开口或两对边支撑。在矩形平面的建筑中，由于考虑扩建的可能性或者由于建筑功能的要求，这就需要在一边或者两对边上开口，所以使网架仅在三边或者是两对边上支撑；另一边或者两对边为自由边。自由边的存在对网架的受力是不利的，为此应对自由边做出特殊处理。可在自由边附近增加网架层数或者在自由边加设托梁或托架。对中、小型网架，亦可采用增加网架高度或者局部加大杆件截面的办法予以加强，如图 5-58 和图 5-59 所示。

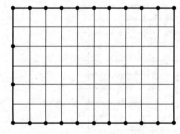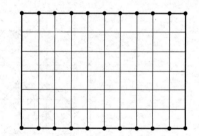

图 5-58　三边支撑形式　　　　　　　图 5-59　一边开口或两对边支撑形式

3）四点支撑和多点支撑。由于支撑点处集中受力较大，宜在周边设置悬挑，以此来减小网架跨中杆件的内力和挠度，如图 5-60 所示。

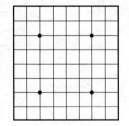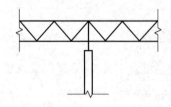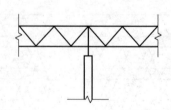

图 5-60　四点支撑和多点支撑形式

4）周边支撑与点支撑相结合。在点支撑网架中，当周边没有围护结构和抗风柱时，可以采用点支撑与周边支撑相结合的形式。这种支撑方法适用于工业厂房和展览厅等公共建筑，如图 5-61 所示。

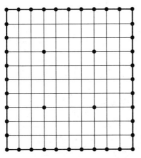 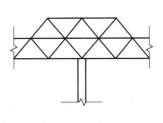

图 5-61 周边支撑与点支撑相结合形式

5.4.2 网架结构施工图的构成要件

1. 螺栓节点球的网架施工图

螺栓节点球的网架施工图主要包括螺栓节点球网架结构设计说明、螺栓节点球预埋件平面布置图、螺栓节点球网架平面布置图、螺栓节点球网架节点图、螺栓节点球网架内力图、螺栓节点球网架杆件布置图、螺栓节点球球节点安装详图以及其他节点详图等。

2. 焊接节点球的网架施工图

焊接节点球的网架施工图主要包括焊接节点球网架结构设计说明、焊接节点球预埋件平面布置图、焊接节点球网架平面布置图、焊接节点球网架节点图、焊接节点球网架内力图以及焊接节点球网架杆件布置图等。

上述的图纸内容是网架结构设计制图阶段的图纸内容，对于施工详图阶段螺栓节点球网架结构的施工图，主要包括网架施工详图说明、网架找坡支托平面图、网架节点安装图、网架构件编号图、网架支座详图、网架支托详图、网架杆件详图、球详图、封板详图、锥头和螺栓机构详图以及网架零件图。焊接节点球网架的施工详图与螺栓节点球网架相比，没有封板详图、锥头和螺栓机构详图以及网架零件图，其他图纸内容只是结合构造差异进行相应的调整。

在设计过程中，设计人员往往根据工程的实际情况，对图纸内容和数量进行相应的调整（例如网架内力图主要是为施工详图中设计节点提供依据的，若设计图中已给出相应的详细节点，则可不必绘制此图），有时甚至将几个内容的图合并在一起绘制，但是不会超出前面所述及的内容，总的原则还是要将工程实际情况用图纸反映完整、准确、清晰。

5.4.3 网架结构施工图的识图方法

1. 结构设计说明及其识图方法

钢网架结构设计说明的主要内容见表 5-2。设计说明中有些内容是适应于大多数工程的，为了提高识图的效率，要学会从中找到本工程所特有的信息和针对工程所提出的一些特殊要求。

2. 钢网架平面布置图及其识图方法

（1）钢网架平面布置图主要是用来对网架的主要构件（例如支座、节点球、杆件）进行定位的，一般还配合纵、横两个方向剖面图共同表达。

（2）节点球的定位主要还是通过两个方向的剖面图控制的。

钢网架结构设计说明的主要内容　　　　　　　　　　　　表 5-2

项目	内 容
工程概况	在阅读工程概况时,关键要注意以下三点: (1)"工程名称",了解工程的具体用途,从而便于一些信息的查阅,例如工程的防火等级确定,就需要考虑到它的具体用途 (2)"工程地点",许多设计参数的选取和施工组织设计的考虑都与工程地点有着紧密的联系 (3)"网架结构荷载"
设计依据	设计依据列出的往往都是一些设计标准、规范、规程以及建设方的设计任务书等。对于这些内容,施工人员要注意两点: (1)要注意其中的地方标准或行业标准,这些内容往往有一定的特殊性 (2)要注意与施工有关的标准和规范 此外,施工人员也应该了解建设方的设计任务书
网架结构设计和计算	主要介绍了设计所采用的软件程序和一些设计原理及设计参数
材料	主要对网架中各杆件和零件的材性提出了要求
制作	钢结构工程的施工主要包括构件和零件的加工制作(在加工厂完成),以及现场的安装、拼装两个阶段,网架工程也不例外。从设计的角度主要对网架杆件、螺栓球以及其他零件的加工制作提出了要求。不管是负责现场安装的施工人员,还是加工人员,都要以此来判断加工好的构件是否合格,因此要重点阅读
安装	由于钢结构工程的特殊性,其施工阶段与使用阶段的受力情况有较大差异,所以设计人员往往会提出相应的施工方案
验收	主要提出了对工程的验收标准。虽然验收是安装完以后才做的事情,但对于施工人员来讲,应在加工安装之前就要熟悉验收的标准,只有这样才能确保工程的质量
表面处理	钢结构的防腐和防火是钢结构施工的两个重要环节。主要从设计角度出发,对结构的防腐和防火提出了要求,这也是施工人员要特别注意的,尤其是当本条款数值不按标准中底限取值时,施工中必须满足本条款的要求
主要计算结果	施工人员在阅读内容时应特别注意,给出的值均为使用阶段的,也就是说当使用荷载全部加上后产生的结果。在安装施工时要避免单根构件的力超过此最大值,以免安装过程中造成杆件的损坏;另外,施工过程中还要控制好结构整体的挠度

3. 钢网架安装图及其识图方法

(1) 节点球的编号一般用大写英文字母开头,后边跟一个阿拉伯数字,标注在节点球内。图中节点球的编号有几种大写字母开头,表明有几种球径的球,即开头字母不同的球的直径是不同的;即使直径相同的球,由于所处位置不同,球上开孔数量和位置也不尽相同,所以在字母后边用数字来表示不同的编号。

(2) 杆件的编号一般采用阿拉伯数字开头,后边跟一个大写英文字母或什么都不跟,标注在杆件的上方或左侧。图中杆件的编号有几种数字开头,表明有几种横断面不同的杆件;另外,由于同种断面尺寸的杆件其长度未必相同,所以在数字后加上字母以区别杆件的不同类型。由此就可以得知图中杆件的类型数、每个类型杆件的具体数量,以及它们分别位于何位置。

4. 球加工图及其识图方法

球加工图主要表达各种类型的螺栓球的开孔要求,以及各孔的螺栓直径等。由于螺栓球是一个立体造型复杂、开孔位置多样化的构件,所以在绘制时,往往选择能够尽量多地反映开孔情况的球面进行投影绘制,然后将图上绘制出来的各孔孔径中心之间的角度标注出来。图名以构件编号命名，还应注明该球总共的开孔数、球直径和该编号球的数量。

对于从事网架安装的施工人员来讲，球加工图的作用主要是用来校核由加工厂运来的螺栓球的编号是否与图纸一致，以免在安装过程中出现错误、重新返工。这个问题尤其在高空散装法的初期要特别注意。

5. 支座详图与支托详图的识图方法

支座详图和支托详图都是表达局部辅助构件的大样详图，虽然两张图表达的是两个不同的构件，但从制图或者识图的角度来讲是相同的。这种图的阅读顺序如下：一般情况下，先看整个构件的立面图，掌握组成这个构件的各零件的相对位置关系，例如在支座详图中，通过立面可以知道螺栓球、十字板和底板之间的相对位置关系；然后，根据立面图中的断面符号找到相应的断面图，进一步明确各零件之间在平面上的位置关系和连接做法；最后，根据立面图中的板件编号（带圆圈的数字）查明组成这一构件的每一种板件的具体尺寸和形状。另外，还需要仔细阅读图纸中的说明，可以进一步帮助大家更好地明确该详图。

6. 材料表及其识图方法

材料表把该网架工程中所涉及的所有构件的详细情况进行了分类汇总。该表可以作为材料采购、工程量计算的一个重要依据。此外，在阅读其他图纸时，若有参数标注不全的情况，也可以结合本表来校验或查询。

为了使初学者快速地掌握一套网架结构施工图的图示内容，本书对钢网架结构施工图的读图流程进行了总结，如图 5-62 所示。

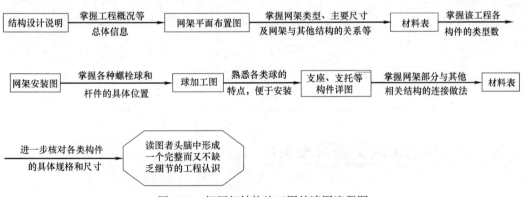

图 5-62 钢网架结构施工图的读图流程图

现以图 5-63 为例说明网架螺栓球图的读图方法和步骤。

（1）基准孔应该是垂直纸面向里的；A2 是球的编号，BS100 代表球径是 100mm，工艺孔 M20 代表基准孔直径为 20mm。

（2）为了能够更好地传递压力，与杆件相连的球面需削平，为了方便统一制作，通常一种球径都有一个相应的削平量，图中的 100mm 球径的球面均削 5mm。

（3）后面的"水平角"表示此孔与球中心线在纸面上的角度，"倾角"表示此孔与纸面的夹角。

（4）图中的角度理解见表 5-3。

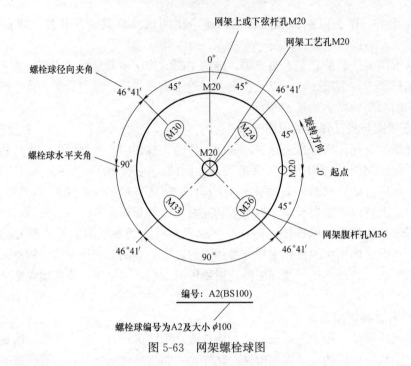

图 5-63　网架螺栓球图

图 5-63 所示网架螺栓球角度理解　　　　　　　　表 5-3

螺孔号	劈面量	螺孔径	水平角	倾角
1	5mm	M20	0°	0°
2	5mm	M24	45°	46°41′
3	5mm	M20	90°	0°
4	5mm	M30	135°	46°41′
5	5mm	M33	225°	46°41′
6	5mm	M36	315°	46°41′

5.5　钢框架结构施工图识图诀窍

5.5.1　钢框架结构施工图构成要件

　　一套完整的钢框架结构施工图包括结构设计说明、基础平面布置图及其详图、柱子平面布置图、各层结构平面布置图、各横轴竖向支撑立面布置图、各纵轴竖向支撑立面布置图、梁柱截面选用表、梁柱节点详图、梁节点详图、柱脚节点详图和支撑节点详图等。

　　在实际工程中，以上图纸内容可以根据工程的繁简程度，将某几项内容合并在一张图纸上或将某一项内容拆分成几张图纸。

　　在高层钢框架结构施工图中，由于其柱子通常采用组合柱子，构造较为复杂，所以需要单独出一张"柱子设计图"用来表达其详细的构造做法。对于高层钢框架结构，若有结构转换层，还需将结构转换层的信息用图纸表达清楚。

另外，在钢框架结构的施工详图中，通常还需要有各层梁构件的详图、各种支撑的构件详图、各种柱的构件详图以及某些构件的现场拼装图等。

5.5.2 钢框架结构施工图的识图方法

1. 结构设计说明及其识图方法

钢框架结构的结构设计说明，通常根据工程的繁简情况不同，说明中所列的条文也不尽相同。工程较为简单时，结构设计说明的内容也比较简单，但是工程结构设计说明中所列条文都是钢框架结构工程中所必须涉及的内容。它主要包括设计依据，设计荷载，材料要求，构件制作、运输、安装要求，施工验收，图中相关图例的规定，主要构件材料表等。

2. 底层柱子平面布置图及其识图方法

柱子平面布置图是反映结构柱在建筑平面中的位置，用粗实线反映柱子的截面形式，根据柱子断面尺寸的不同，给柱子进行不同的编号，并且标出柱子断面中心线与轴线的关系尺寸，给柱子定位。对于柱截面中板件尺寸的选用，一般另外用列表方式表示。

在读图时，首先明确图中一共有几种类型的柱子，每一种类型的柱子的截面形式如何，各有多少个。

3. 结构平面布置图及其识图方法

结构平面布置图是确定建筑物各构件在建筑平面上的位置图，具体绘制内容主要包括：

（1）根据建筑物的宽度和长度，绘出柱网平面图；

（2）用粗实线绘出建筑物的外轮廓线及柱的位置和截面示意；

（3）用粗实线绘出梁及各构件的平面位置，并标注构件定位尺寸；

（4）在平面图的适当位置处标注所需的剖面，以反映结构楼板、梁等不同构件的竖向标高关系；

（5）在平面图上对梁构件编号；

（6）表示出楼梯间、结构留洞等的位置。

对于结构平面布置图的绘制数量，与确定绘制建筑平面图的数量原则相似，只要各层结构平面布置相同，可以只画某一层的平面布置图来表达相同各层的结构平面布置图。

结构平面布置图详细识图的步骤如下：

（1）明确本层梁的信息 结构平面布置图是在柱网平面上绘制出来的，而在阅读结构平面布置图之前，已经阅读了柱子平面布置图，所以在此图上的阅读重点就首先落到了梁上。梁的信息主要包括梁的类型数、各类梁的截面形式、梁的跨度、梁的标高以及梁柱的连接形式等信息。

（2）掌握其他构件的布置情况 其他构件主要是指梁之间的水平支撑、隔撑以及楼板层的布置。水平支撑和隔撑并不是所有的工程中都有；若有，在结构平面布置图中一起表示出来；楼板层的布置主要是指当采用钢筋混凝土楼板时，应将钢筋的布置方案在平面图中表示出来，或者将板的布置方案单列一张图纸。

（3）查找图中的洞口位置 楼板层中的洞口主要包括楼梯间和配合设备管道安装的洞口，在平面图中主要明确它们的位置和尺寸大小。

（4）屋面檩条平面布置图　屋面檩条平面布置图主要表达檩条的平面布置位置、檩条的间距以及檩条的标高。在阅读时可以参考轻钢门式刚架的屋面檩条图的识图方法，阅读其要表达的信息。

（5）楼梯施工详图　对于楼梯施工图，首先要弄清楚各构件之间的位置关系，其次要明确各构件之间的连接问题。对于钢结构楼梯，通常做成梁板式楼梯，所以它的主要构件有踏步板、梯斜梁、平台梁和平台柱等。

楼梯施工图主要包括楼梯平面布置图、楼梯剖面图、平台梁与梯斜梁的连接详图、踏步板详图、平台梁与平台柱的连接详图、楼梯底部基础详图等。

对于楼梯图的识图步骤如下：

1）首先，读楼梯平面图，掌握楼梯的具体位置和楼梯的具体平面尺寸；

2）其次，读楼梯剖面图，掌握楼梯在竖向上的尺寸关系和楼梯本身的构造形式及结构组成；

3）最后，阅读钢楼梯的节点详图，从而掌握组成楼梯的各构件之间的连接做法。

（6）节点详图　节点详图在设计阶段应表示清楚各构件间的相互连接关系及其构造特点，节点上应标明整个结构物的相关位置，即应标出轴线编号、相关尺寸、主要控制标高、构件编号和截面规格、节点板厚度及加劲肋做法。构件与节点板采用焊接连接时，应标明焊脚尺寸及焊缝符号。构件采用螺栓连接时，应标明螺栓的型号，螺栓直径、数量。

图纸共有两张节点详图，绝大多数的节点详图是用来表达梁与梁之间各种连接、梁与柱子的各种连接和柱脚的各种做法。通常采用2~3个投影方向的断面图来表达节点的构造做法。对于节点详图的阅读步骤如下：

1）首先，要判断清楚该详图对应于整体结构的什么位置（可以利用定位轴线或索引符号等）；

2）其次，判断该连接的连接特点（即两构件之间在何处连接，是铰接连接还是刚接等）；

3）最后，才是阅读图上的标注。

对于钢框架施工图的识图，可以按照图5-64所示流程进行，这样对整个工程从整体到细节都能有一个清晰的认识。

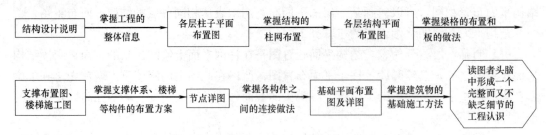

图5-64　钢框架结构施工图的读图流程图

钢结构工程识图实例

实例1：某厂房钢屋架结构详图识图

某厂房钢屋架结构详图如图 6-1 所示，从图中可以看出：

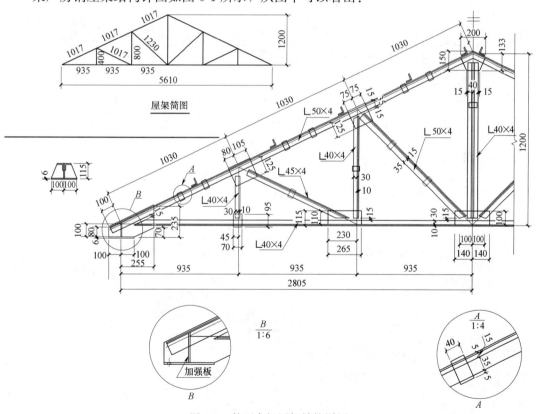

图 6-1　某厂房钢屋架结构详图

（1）屋架简图用以表达屋架的结构形式，各杆件的计算长度，作为放样的依据。在简图中，屋架各杆件用单线画出，习惯上放在图纸的左上角或右上角。图中注明屋架的跨度为 5610mm，高度 1200mm 以及节点之间杆件的长度尺寸等。

（2）屋架详图是指用较大的比例画出屋架的立面图。由于屋架完全对称，所以只画出半个屋架，并在中心线上画上对称符号。图中详细画出各杆件的组合、各节点的构造和连接情况以及每根杆件的型钢型号、长度和数量等。对于构造复杂的上弦杆和节点还另外画出较大比例的详图，如图中的 A、B 详图。

实例 2：钢结构厂房锚栓平面布置图识图

钢结构厂房锚栓平面布置图如图 6-2 所示，从图中可以看出：

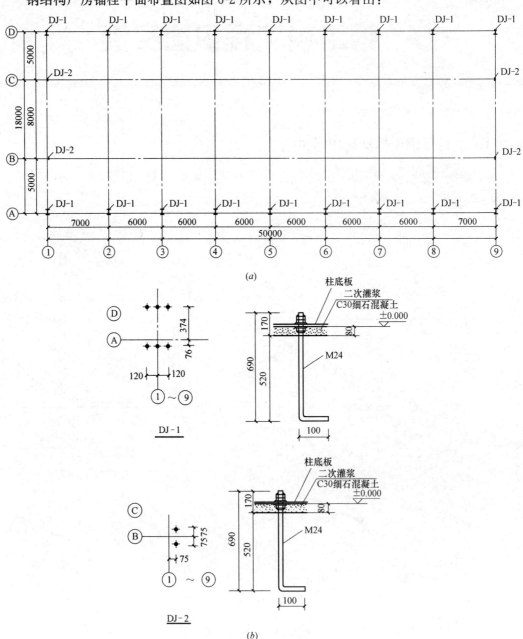

图 6-2　钢结构厂房锚栓平面布置图
（a）锚栓平面布置图；（b）锚栓详图

（1）由图（a）可知：

1）该建筑物共有 22 个柱脚，包括 DJ-1 和 DJ-2 两种柱脚形式。

2）锚栓纵向间距两端为 7m，中间为 6m，横向间距两端为 5m，中间为 8m。

（2）由图（b）可知：

1）该建筑物Ⓐ、Ⓓ轴线柱脚下有 6 个柱脚锚栓，锚栓横向间距为 120mm，纵向间距为 450mm；Ⓑ、Ⓒ轴线柱脚下有 2 个柱脚锚栓，纵向间距为 150mm。

2）由 DJ-1 详图可知，DJ-1 锚栓群在纵向轴线上居中，在横向轴线偏离锚栓群中心 149mm。

3）由 DJ-2 详图可知，DJ-2 锚栓群在纵向轴线上偏离锚栓群中心 75mm，在横向轴线上的位置居中。

4）所采用的锚栓直径 d 均为 24mm，长度均为 690mm，锚栓下部弯折 90°，长度为 100mm，共需此种锚栓 116 根。

5）DJ-1 和 DJ-2 锚栓锚固长度均是从二次浇灌层底面以下 520mm，柱脚底板的标高为 ±0.000。

6）柱与基础的连接采用柱底板下一个螺母、柱底板上两个螺母的固定方式。

实例 3：单层门式刚架厂房一层平面图识图

单层门式刚架厂房一层平面图如图 6-3 所示，从图中可以看出：

（1）建筑物的外包尺寸（墙外皮到墙外皮）。长度为 49480mm，宽度为 29480mm。

（2）柱和墙的定位关系。边墙柱的外翼缘紧贴边墙的内皮，山墙柱（抗风柱）的外翼缘紧贴山墙的内皮。①轴和⑧轴的边柱紧靠山墙内皮。边墙柱距为 7500mm，山墙柱距为 6250mm。

（3）门窗的定位和尺寸：C2 为窗，宽度为 4200mm，高度通常会在立面图中标识，窗都是居中布置，边墙处的窗两边距柱中心线均为 1400mm。山墙处的窗距柱中心线均为 1025mm；M1 为门，宽度为 4200mm，高度也是在立面图中标识。门居中布置，两边距柱中心线为 1025mm。门的位置有坡道，尺寸为 6490mm×1500mm，具体做法见图集 L13J9-1。

（4）$\overset{1}{\ulcorner}$ 为剖切号，从此处剖开向左看，1—1 剖面见后面的剖面图。$\overset{\pm 0.000}{\triangledown}$ 为室内地坪的标高。

实例 4：单层门式刚架厂房屋顶平面图识图

单层门式刚架厂房屋顶平面图如图 6-4 所示，从图中可以看出：

（1）该图屋顶为双坡屋面，屋面坡度为 1/10。

（2）沿纵墙方向设有天沟，天沟的排水坡度为 1%。

（3）在厂房的纵向天沟内各设置了 4 根直径为 100mm 的 PVC 落水管。

（4）A-B 轴之间有宽为 900mm 的雨篷。

（5）$\overset{+5.200}{\triangledown}$ 为屋顶标高。

实例 5：单层门式刚架厂房①～⑧立面图识图

单层门式刚架厂房①～⑧立面图如图 6-5 所示，从图中可以看出：

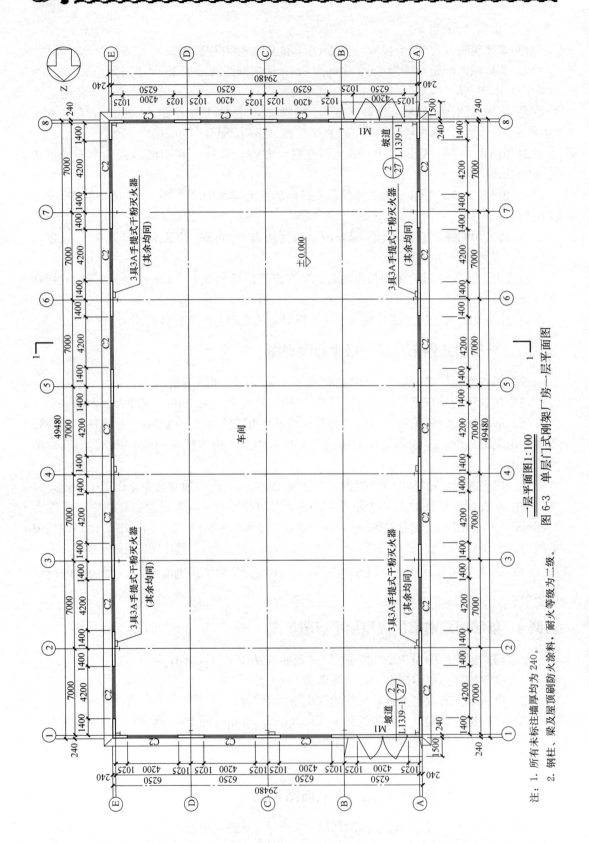

一层平面图1:100

图6-3 单层门式刚架厂房一层平面图

注: 1. 所有未标注墙厚均为240。

2. 钢柱、梁及屋顶刷防火涂料,耐火等级为二级。

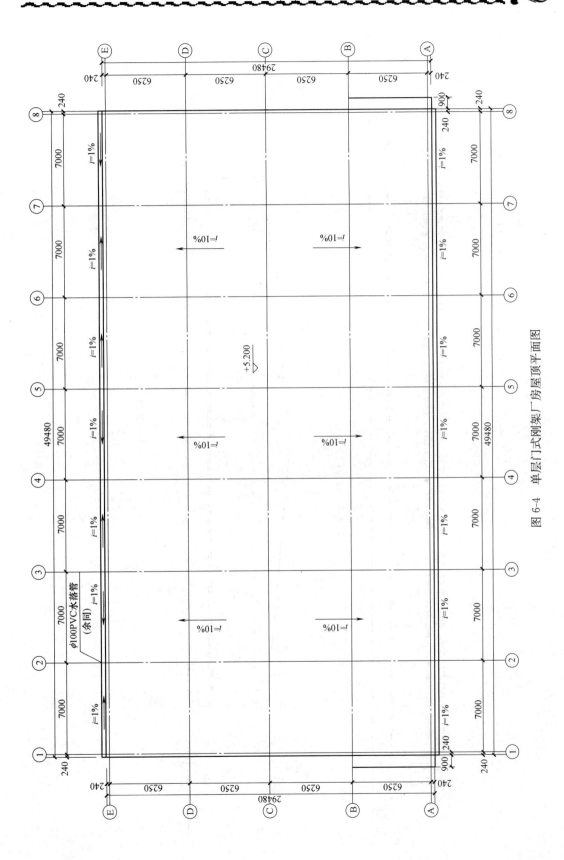

图 6-4 单层门式刚架厂房屋顶平面图

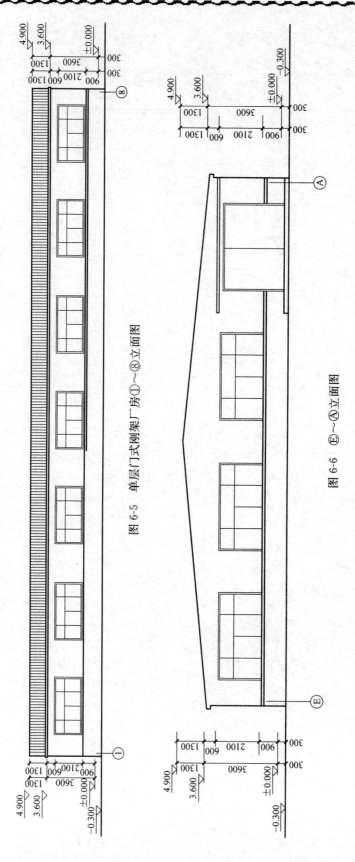

图 6-5 单层门式刚架厂房①~⑧立面图

图 6-6 ⑤~Ⓐ立面图

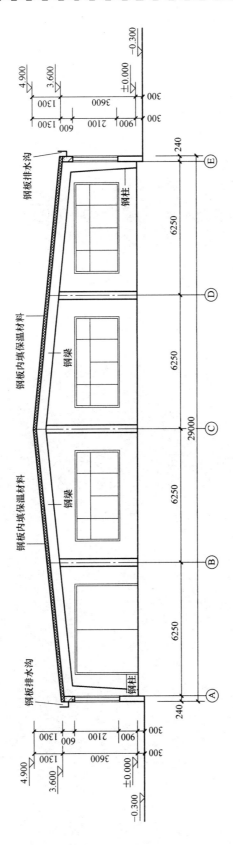

图 6-7 单层门式刚架厂房 1—1 剖面图 （1∶100）

（1）该图为①～⑧轴的建筑立面。

（2）室内外地坪高差为 300mm，室外砖墙高度为 1200mm。

（3）立面共有七个窗户，高度为 2100mm，宽度在平面图中标识。

（4）檐口标高为 3.6m，屋脊标高为 4.9m。

（5）图 6-6 为ⓔ～ⓐ轴的建筑立面。

（6）ⓔ～ⓐ轴之间有三个窗户和一个大门，窗户高度为 2100mm，门高度为 3600mm。门上有雨篷。

实例 6：单层门式刚架厂房 1—1 剖面图识图

单层门式刚架厂房 1—1 剖面图如图 6-7 所示，从图中可以看出：

（1）标高同立面图 6-6。

（2）天沟为彩钢板外天沟。

（3）ⓑ、ⓒ、ⓓ轴的柱子为抗风柱，ⓐ、ⓔ轴的柱子为门架柱。

参 考 文 献

[1] 国家标准化管理委员会. 《焊缝符号表示法》GB/T 324—2008 [S]. 北京：中国标准出版社，2008.

[2] 中华人民共和国住房和城乡建设部.《房屋建筑制图统一标准》GB/T 50001—2017 [S]. 北京：中国建筑工业出版社，2018.

[3] 中华人民共和国住房和城乡建设部.《总图制图标准》GB/T 50103—2010 [S]. 北京：中国计划出版社，2011.

[4] 中华人民共和国住房和城乡建设部.《建筑结构制图标准》GB/T 50105—2010 [S]. 北京：中国建筑工业出版社，2010.

[5] 中华人民共和国住房和城乡建设部.《钢结构焊接规范》GB 50661—2011 [S]. 北京：中国建筑工业出版社，2012.

[6] 中华人民共和国住房和城乡建设部.《钢结构高强度螺栓连接技术规程》JGJ 82—2011 [S]. 北京：中国建筑工业出版社，2011.

[7] 上官子昌. 钢结构工程识图与施工精解 [M]. 北京：化学工业出版社，2010.

[8] 刘镇. 结构工程快速识图技巧 [M]. 北京：化学工业出版社，2012.

[9] 邱耀. 钢结构基本理论与施工技术 [M]. 北京：水利水电出版社，2011.